用于国家职业技能鉴定

YONGYU GUOJIA ZHIYE JINENG JIANDING

国家职业资格培训教程

GUOJIA ZHIYE ZIGE PEIXUN JIAOCHENG

铸造工

（初级）

第2版

编审委员会

主　任　刘　康

副主任　张亚男

委　员　王士达　孙长富　刘金海　侯福生　李国禄
　　　　王　磊　李金元　许少红　吴　毅　陈思夫
　　　　张英霞　陈　蕾　张　伟　史武华　吕本顺

编审人员

主　编　孙长富

副主编　刘金海

编　者　侯福生　张英霞　刘金海　李金元　许少红
　　　　孙长富　王　军

主　审　李国禄

中国劳动社会保障出版社

图书在版编目(CIP)数据

铸造工：初级/中国就业培训技术指导中心组织编写. —2 版. —北京：中国劳动社会保障出版社，2011

国家职业资格培训教程

ISBN 978-7-5045-9402-0

Ⅰ.①铸… Ⅱ.①中… Ⅲ.①铸造-技术培训-教材 Ⅳ.①TG31

中国版本图书馆 CIP 数据核字(2011)第 234110 号

中国劳动社会保障出版社出版发行

（北京市惠新东街1号　邮政编码：100029）

*

北京市艺辉印刷有限公司印刷装订　新华书店经销

787毫米×1092毫米　16开本　8.5印张　147千字

2011年11月第2版　2017年4月第4次印刷

定价：17.00元

读者服务部电话：(010) 64929211/64921644/84626437

营销部电话：(010) 64961894

出版社网址：http://www.class.com.cn

前　　言

为推动铸造工职业培训和职业技能鉴定工作的开展，在铸造工从业人员中推行国家职业资格证书制度，中国就业培训技术指导中心在完成《国家职业技能标准·铸造工》(2009 年修订)（以下简称《标准》）制定工作的基础上，组织参加《标准》编写和审定的专家及其他有关专家，编写了铸造工国家职业资格培训系列教程（第 2 版）。

铸造工国家职业资格培训系列教程（第 2 版）紧贴《标准》要求，内容上体现“以职业活动为导向、以职业能力为核心”的指导思想，突出职业资格培训特色；结构上针对铸造工职业活动领域，按照职业功能模块分级别编写。

铸造工国家职业资格培训系列教程（第 2 版）共包括《铸造工（基础知识)》《铸造工(初级)》《铸造工（中级)》《铸造工（高级)》《铸造工（技师　高级技师)》5 本。《铸造工（基础知识)》内容涵盖《标准》的“基本要求”，是各级别铸造工均需掌握的基础知识；其他各级别教程的章对应于《标准》的“职业功能”，节对应于《标准》的“工作内容”，节中阐述的内容对应于《标准》的“技能要求”和“相关知识”。

本书是铸造工国家职业资格培训系列教程（第 2 版）中的一本，适用于对初级铸造工的职业资格培训，是国家职业技能鉴定推荐辅导用书，也是初级铸造工职业技能鉴定国家题库命题的直接依据。

本书共分 4 章，第 1 章的第 1 节和第 3 节由天津大学的侯福生教授编写，第 1 章第 2 节由天津大学的张英霞教授编写，第 2 章第 1 节由天津铸造学会的许少红工程师和天津机辆轨道交通装备有限责任公司的王军工程师编写，第 2 章第 2 节由天津市铸造学会的李金元工程师编写，第 3 章由河北工业大学的刘金海教授编写，第 4 章由天津三达铸造有限公司的孙长富编写。本书由孙长富担任主编，刘金海担任副主编，河北工业大学的李国禄教授担任主审。

本书在编写过程中，得到天津笠仓铸造有限公司的郑国福工程师、河北工业大学的李海鹏副教授、天津市数控及传动技术应用研究所的王世达高级工程师和天津机辆轨道交通装备有限责任公司的张锡祯高级工程师的大力支持与协助，并提出了宝贵意见，在此一并表示衷心的感谢。

中国就业培训技术指导中心

目录

CONTENTS 国家职业资格培训教程

第1章 砂型铸造

第1节 工 艺 分 析

学习单元1 手工造型模样、芯盒的识别

学习目标

- 掌握砂型的基本组成
- 熟悉砂型的种类
- 掌握模样、芯盒与零件的基本区别
- 了解工艺规程的基本内容
- 熟悉工艺卡的内容和要求

知识要求

一、砂型的基本组成和种类

1. 砂型的基本组成

把熔融的合金浇注到与所需零件相适应的铸型空腔内，得到铸件的生产过程称

为铸造生产，简称铸造。利用天然石英砂或人造砂制造铸型的方法称为砂型铸造，在今天仍占铸造生产的80%以上。其制造的铸型称为砂型。如图1—1所示为法兰铸件的铸型装配图，它由上砂型、下砂型和砂芯等组成。上下砂型所形成的型腔称为铸件的外轮廓，它是由法兰的模样或模板成型的，制造上下砂型的方法称为造型。砂芯形成法兰的内孔，制造砂芯的方法称为制芯。为了保证铸件的成型和铸件的质量，在砂型上必须采取许多工艺措施，如浇注系统用于保证熔融合金的充填，出气孔是为了砂型的排气等，还有芯头、冒口、加工余量等，这些都将在本课程的有关章节中进行介绍。

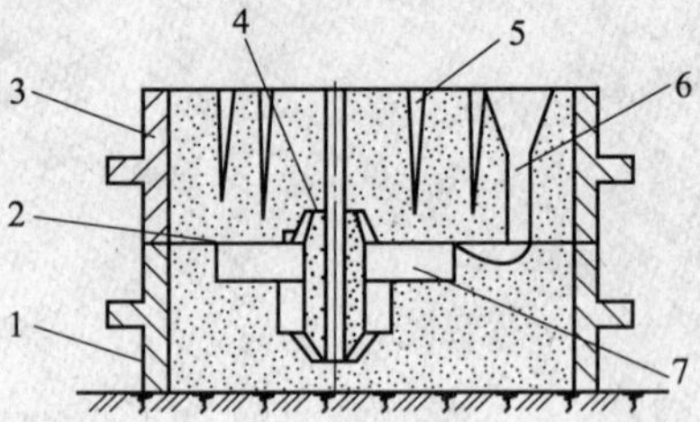

图1—1　法兰铸件的铸型装配图

1—下砂型　2—分型面　3—上砂型　4—砂芯
5—出气孔　6—浇注系统　7—型腔

2. 砂型的种类

常用的砂型有湿型、干型、表干型、自硬型和铁模覆砂型等。

（1）湿型

砂型造好后，不烘干就进行浇注的铸型称为湿型。其优点是成本低，生产效率高，劳动条件得到改善，易于实现机械化和自动化。但铸型水分多，强度低，易产生呛火、夹砂、气孔、冲砂、粘砂、胀箱等铸造缺陷。适用于单件、成批和大量生产的中小件的机械化、自动化流水线生产中。

（2）干型

砂型造好后，经烘干再进行浇注的铸型称为干型。其优点是铸型水分少，强度高，透气性好，可避免由湿型而引起的一些铸造缺陷（如夹砂、气孔、冲砂、粘砂、胀箱等）。但燃料耗费多，成本高，工艺过程复杂，生产周期长，劳动条件差，不易实现自动化。主要用于结构复杂、质量要求高的单件、小批量生产的中大型铸件。

（3）表干型

砂型造好后，只将表面层（15～20 mm厚）烘干，再进行浇注的铸型称为表干型。它克服了干型的部分缺点，保持了干型的一些优点，降低了成本，提高了生产效率。主要用于结构复杂、质量要求较高的单件、小批量生产的中大型铸件。

（4）自硬型

砂型造好后，靠造型材料自身的化学反应而硬化，一般不需烘烤，或经低温烘烤的铸型称为自硬型。其优点是强度高，粉尘少，效率高。但成本较高，易产生粘砂等缺陷。由于砂子回用困难，为了减少自硬砂的用量，可采用覆砂铸型，即用普通硅砂作为背砂，用自硬砂作为面砂。自硬砂所用的黏结剂有水玻璃类和树脂类等。各种铸件均可采用，较多用于铸钢件和中大型铸铁件。

（5）铁模覆砂型

在铁模上覆上一层 5 ~ 15 mm 厚的砂层，组成的铸型称为铁模覆砂型。铁模一般用铸铁制造而成，砂层目前多数用树脂砂。这种铸型刚度高，有利于利用球墨铸铁的凝固收缩特性，减轻或消除球墨铸铁铸件的缩孔和缩松缺陷，提高质量。缺点是铸型费用高，旧砂不可回用。主要适用于成批大量生产的厚大球墨铸铁件，如曲轴等。

二、模样和芯盒的基本结构

1. 模样的基本结构

模样的基本结构可分为模样的本体和模样的附加体。按模样有无分模面（或称分型面），模样的本体结构可分为整体式模样和分开式模样。整体式模样是指模样为一整体，分开式模样是指模样沿最大截面分开成两半（或多个）。模样的附加体是模样为了满足工艺需要的附加物。如图 1—1 所示的法兰铸件的模样是一个整体式模样，模样的本体是两个圆柱体。但为了安放砂芯，需在模样上安放两个芯头模（见图 1—2）。法兰铸件模样和下芯头是一个整体，上芯头是与其分开的，造型时上芯头模样留在上型中。所以，这样的模样也称为分开式模样。

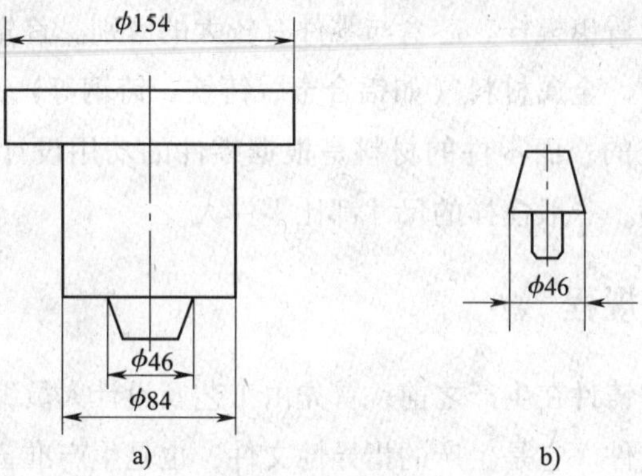

图 1—2　法兰铸件手工模样

a）下模样　b）上芯头模样

除此之外，对生产铸型来说还应包含浇注系统的模样，如直浇道模、横浇道模、内浇口模等。

2. 芯盒的基本结构

芯盒的基本结构可分为芯盒的本体结构和芯盒上的其他结构（如芯盒的夹紧装置、芯盒的手柄等）。芯盒的本体结构是形成砂芯的主体，其他结构是为了工艺上的需要而设置的。

芯盒按有无分盒面又可分为单面敞开式芯盒和对开式芯盒。芯盒按制芯方法不同可分为手工用芯盒和机器用芯盒。如图1—3所示为法兰铸件手工用芯盒。它是一个对开式芯盒。

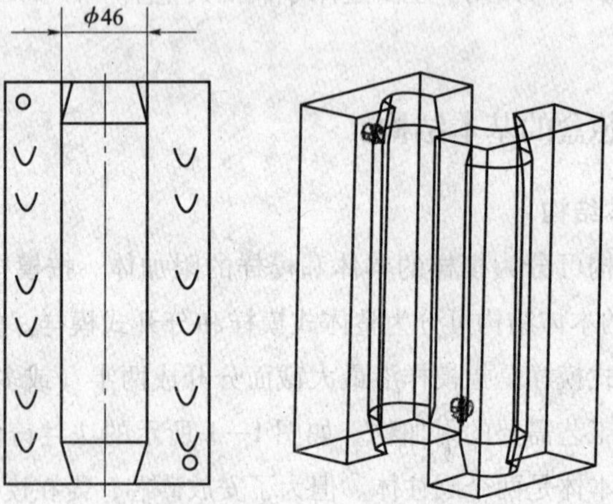

图1—3 法兰铸件手工用芯盒

3. 模样、芯盒与零件的基本区别

从以上分析可以看出模样、芯盒与零件有较大的区别。首先材料不同，制造模样的材料主要有木材、金属材料（如铝合金、铸铁、铸钢等）、塑料等，一般是由零件的生产批量决定的；而零件的材料是根据零件的功用设计的。其次是形状不同。第三是大小不同，一般模样的尺寸都比零件大。

三、铸造工艺规程

铸造工艺规程是铸件在生产之前，首先由工艺及设计人员编制出控制该铸件生产过程的科学技术文件。它是生产的指导性文件，也是生产准备、管理和铸件验收的依据，与铸件质量、生产及成本有很大的关系。铸造工艺规程多数是用文字、表格及图样等说明铸造工艺进行的顺序、方法和注意事项等。它分为两种类型，一种是通用的工艺文件，另一种是专用的工艺文件。通用的工艺规程是指铸件生产过程中必须遵循的通用技术文件，对各种工序的操作做了具体的规定，其种类和内容可根据铸造车间的生产情况制定。常见的铸造工艺规程有配砂工艺、造型工艺、制芯工艺、烘干工艺、合型工艺、熔炼工艺、浇注工艺、落砂工艺、清砂工艺、铸件清理工艺、铸件补焊工艺以及铸件热处理工艺等。专用的工艺规程是针对某一铸件的某一工序操作的具体详细说明，以便正确操作，保证砂型质量。下面给出手工黏土砂造型、修型、下芯、合箱、紧固等的通用工艺规程，以便于操作时应用。

1. 手工黏土砂造型的通用工艺规程

（1）造型前的准备

1）操作者应了解所生产铸件的工艺要求。

2）检查模样是否齐全、完好，如有缺角、变形和尺寸不符合图样规定，活块残缺不全，两半模样的定位销、孔配合松紧不合适等情况，应修复后再用。

3）检查浇口模、冒口模是否齐全并符合工艺规定。

4）需用底板时，检查底板是否平直，大小是否符合要求。

5）所选择的砂箱吃砂量是否符合要求。

6）砂箱有下列情况不能使用：

① 箱把脱落或有严重变形。

②箱壁破裂未经修补。

③砂箱翘曲，变形严重。

④定位销、定位销套孔磨损超过极限。销套孔内有锈皮或粘砂未清除。

7）检查面砂、背砂是否符合工艺要求。

8）准备所需冷铁、芯撑、垫片，不允许有油、水、锈存在。

9）准备所需脱模剂或分型粉以及其他辅助材料和工具等。

（2）造型

1）将模样和模底板清理干净，撒分型粉或喷涂和刷擦脱模剂。

2）为提高砂型强度，在砂型的大平面和凸缘拐角处插钉子加固。

3）安放浇口模、冒口模时用砂固定其位置。

4）对于铁液冲刷严重或放芯撑的部位，必要时预先放耐火砖。

5）填入面砂厚度应达 30 ~ 50 mm（大件为 50 ~ 100 mm），然后再填背砂。

6）捣砂时，避免撞击模样、冷铁、浇口模、冒口模。

7）砂型捣好后应刮平。

8）造好的砂型硬度应达到 70 ~ 85（使用砂型硬度计测得）。

9）扎气孔时距模样的距离：干型为 30 ~ 50 mm，湿型为 10 ~ 15 mm。

10）无定位销的砂箱应至少两面打合箱标记。

11）上箱敞箱后砂型应放平。在模样及浇口模、冒口模周围刷水，修整分型面，准备起模。

12）起模时敲动起模针，敲动量一般约为0.5 mm，应避免直接敲动模样。

13）起模要平稳并保持垂直，可轻微振动起出。

（3）修型

1）起模后检查型腔，若发现局部松软或破损处，应用同类型砂进行修补。

2）修型后，砂型应保持原来的几何形状，尺寸与模样相同。

3）砂型需上涂料时，应做到均匀、无堆积现象。

4）修整浇注系统，应符合尺寸要求，并无浮砂，表面光洁。

5）对于重要铸件，根据需要在砂型适当位置印出厂标、生产时间等。

2. 下芯通用工艺规程

（1）检查砂型质量，如发现湿砂型损坏，表面有干砂块或夹杂物，以及干型表面有裂纹时，应采取措施解决。

（2）检查砂芯质量，不允许将有缺陷的砂芯下入型腔内。

（3）按顺序下芯，重要件可用样板控制砂芯的位置，确保位置准确、安放牢固。

（4）需要放芯撑、垫片时，位置要准确。

（5）用铁丝吊芯时应牢固、可靠。

（6）按工艺规定，使砂型和砂芯的通气道畅通。

（7）芯头与芯座间如有间隙，应用泥条或石棉绳堵上，以防止铁液进入砂芯。

3. 合箱通用工艺规程

（1）合箱前应检查砂型的质量，如发现砂芯偏移、芯撑漏放或型内有散砂时应采取措施解决。

（2）合箱时按定向销或泥号标记准确、平稳操作，必要时应进行验箱。

（3）干型温度大于60℃时不允许合箱。

（4）非刨口的砂箱应在四角填塞适当厚度的垫铁，以防止压箱时压坏砂型。

（5）按工艺要求放置浇口杯和冒口圈，并用薄铁板或硬纸板盖好。

（6）合箱后的砂型，重要件应标出零件号或名称以及铁液牌号和质量。

（7）对于大件应抹箱缝，以防止跑火。

（8）铸型应按次序排列，并留有一定的距离。

（9）脱箱造型时，脱箱后埋好箱，箱与箱之间应扎通气孔。

4. 砂箱的紧固通用工艺规程

（1）若用压铁紧固，压铁应放在上箱的箱壁上；若无砂箱，压铁应放在砂型上，不应放在型腔上。必要时可放垫铁，以防止压铁压坏砂型。

（2）压铁质量一般为砂型铁液的 3 ~5 倍。

（3）采用箱卡子或其他装置紧固时，用力应均匀，先紧固铸型，后拔合箱销，以防止砂型错型或翘起。

四、铸造工艺卡

1. 铸造工艺卡的基本样式

铸造工艺卡是常用的专用工艺文件之一。铸造工艺卡在铸件工艺设计完成后或铸件试生产后填写。铸造工艺卡的基本样式见表 1—1。铸造工艺卡是指导铸造生产的主要技术文件，一般没有经过批准不可以更改，以保证铸件生产的正常进行和铸件的质量。

表 1—1　　铸造工艺卡的基本样式

零件号	零件名称	每台件数
材料	零件质量	

铸件质量（kg）			铸件材质	炉料	每个毛坯可加工零件数
净重	毛重	浇注系统重			

造型							
砂型名称	砂型类别	造型方法	砂箱编号	砂箱内部尺寸（mm）			
				长	宽	高	
上箱							
下箱							
中箱							

砂型	面砂		背砂		涂料	干燥前		干燥后		芯撑	
	编号	质量	编号	质量		编号	次数	编号	次数		

浇注系统									
内浇道		横浇道		直浇道		浇口杯	过滤网	冒口	出气孔
数量	截面积	数量	截面积	数量	截面积	编号	编号	数量	数量

浇注				
铁液出炉温度（℃）	浇注温度（℃）	每箱铁液消耗量（kg）	浇注时间（s）	冷却时间（h）

续表

铸件落砂与清理				
名　称	落砂	落芯	铸件清铲	热处理
方　法				
使用设备				
备　注				

2. 铸造工艺卡的主要内容

根据生产批量的不同，铸造工艺卡的主要内容可能不同，但一般应包括以下主要内容：

（1）产品零件的说明，如零件的名称、零件的图号、零件的材料，以及零件在每台机器上的数量等。

（2）制出的铸件说明，如铸件的净重、毛重等。

（3）造型工艺方面的说明，如砂型种类、使用面砂、造型方法（手工造型或机器造型）、砂箱内框尺寸等。

（4）制芯工艺方面的说明，如芯盒种类、使用芯砂等。

（5）浇注系统的说明。

（6）浇注工艺方面的说明，如浇注温度、浇注时间、冷却时间等。

（7）落砂与清理工艺方面的说明。

（8）铸型装配图等。

技能要求

轮盘类简单零件模样、芯盒的识别

一、工作准备

1. 零件图

如图 1—4 所示为法兰零件图，全部加工，材质为 HT200，单件、小批量生产。

2. 模样、芯盒

如图 1—5 所示的法兰铸件模样、芯盒为单件、小批量生产，所以选用木质模样和芯盒，进行手工造型和制芯。

3. 法兰铸件工艺卡

法兰铸件工艺卡见表 1—2。

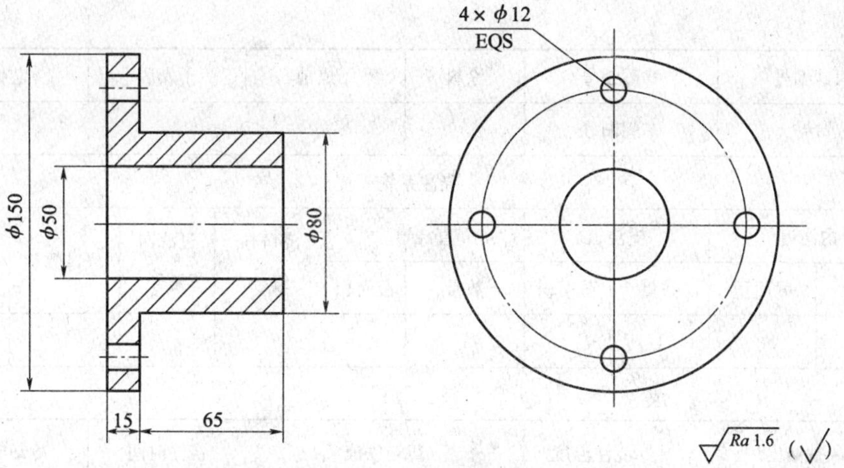

图 1—4　法兰零件图

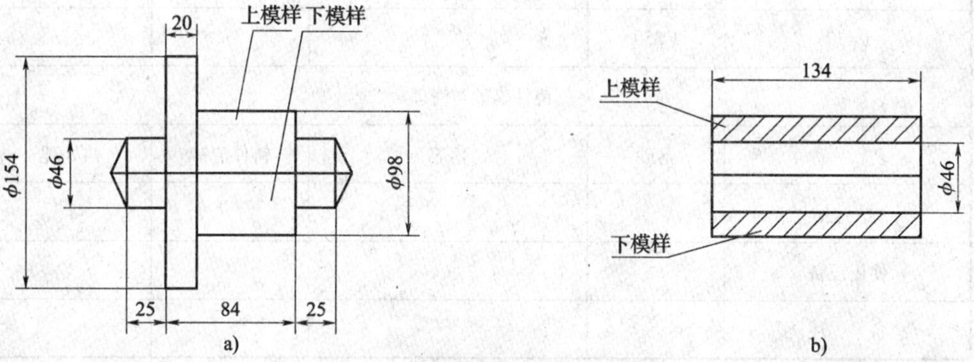

图 1—5　法兰铸件模样、芯盒

a）模样　b）芯盒

表 1—2　　　　法兰铸件工艺卡

零件号：09—10—111			零件名称：法兰			每台件数：2	
材料：HT200				零件质量：3.13 kg			
铸件质量（kg）			铸件材质	炉料		每个毛坯可加工零件数	
净重	毛重	浇注系统重	HT200	废钢、生铁、锰铁、硅铁等		1	
4.26	4.26						
造　型							
砂型名称	砂型类别	造型方法	砂箱编号	砂箱内部尺寸（mm）			
				长	宽	高	
上箱	湿型	手工	3#	300	250	120	
下箱	湿型	手工	3#	300	250	150	
中箱							

续表

<table>
<tr><td colspan="2">面砂编号</td><td colspan="2">背砂编号</td><td>涂料</td><td colspan="2">干燥前</td><td colspan="2">干燥后</td><td>芯撑</td></tr>
<tr><td colspan="2">1#</td><td colspan="2">车间旧砂</td><td></td><td colspan="5"></td></tr>
<tr><td colspan="10">浇注系统</td></tr>
<tr><td colspan="2">内浇道</td><td colspan="2">横浇道</td><td colspan="2">直浇道</td><td rowspan="2">浇口杯
编号</td><td rowspan="2">过滤网
编号</td><td rowspan="2">冒口数量</td><td rowspan="2">出气孔
数量</td></tr>
<tr><td>数量</td><td>截面积</td><td>数量</td><td>截面积</td><td>数量</td><td>截面积</td></tr>
<tr><td>2</td><td></td><td>1</td><td></td><td>1</td><td></td><td></td><td></td><td></td><td></td></tr>
<tr><td colspan="10">浇　注</td></tr>
<tr><td colspan="2">铁液出炉
温度（℃）</td><td colspan="2">浇注温度
（℃）</td><td colspan="2">每箱铁液
消耗量（kg）</td><td colspan="2">浇注时间
（s）</td><td colspan="2">冷却时间
（h）</td></tr>
<tr><td colspan="2">1 450</td><td colspan="2">1 350</td><td colspan="2"></td><td colspan="2"></td><td colspan="2"></td></tr>
<tr><td colspan="10">铸件落砂与清理</td></tr>
<tr><td colspan="2">名　称</td><td colspan="2">落砂</td><td colspan="2">落芯</td><td colspan="2">铸件清铲</td><td colspan="2">热处理</td></tr>
<tr><td colspan="2">方　法</td><td colspan="2"></td><td colspan="2"></td><td colspan="2"></td><td colspan="2"></td></tr>
<tr><td colspan="2">使用设备</td><td colspan="2"></td><td colspan="2"></td><td colspan="2"></td><td colspan="2"></td></tr>
<tr><td colspan="2">备　注</td><td colspan="2"></td><td colspan="2"></td><td colspan="2"></td><td colspan="2"></td></tr>
</table>

二、工作程序

1. 读懂零件图

该零件由一个大孔和四个小孔组成，全部加工。因为四个小孔直径较小，所以不铸出，大孔铸出。

2. 识别零件的模样

模样由两半组成，上下模样基本相同，两边有芯头，上下模样由销钉定位。模样整体外形与零件整体外形一致。该零件的分型方案与图 1—2 不同，因而模样和芯盒的形状及结构也不同。

3. 识别零件的芯盒

芯盒由两半组成，两半芯盒基本相同，由销钉定位。芯盒内腔直径与模样芯头直径相同。

学习单元 2 机器造型用模板的识别

学习目标

➢了解机器造型与手工造型的区别

➢掌握机器造型用模板的主要组成

知识要求

一、机器造型与手工造型的区别

手工造型是指用手工完成紧砂、起模、修型及合箱等主要操作的造型过程。

手工造型操作灵活，模样等工艺装备简单，无论铸件尺寸大小、复杂程度及合金的种类如何，都能适应。但手工造型要求工人有较高的技术水平，劳动强度大，生产效率低，铸件的质量在很大程度上取决于工人的技术水平和熟练程度，不易稳定。因此，手工造型主要应用在单件、小批量生产中，特别是修配件及大型复杂的试制品铸件中。对成批生产的中小件在不具备造型设备的条件下，应尽量设计适应性强的工艺装备，以减少工人修整铸型等操作，提高铸件质量，减轻工人劳动强度。在可能的条件下应尽量选用机器造型，缩小手工造型的应用范围。

在造型过程中，用机器进行型砂的紧实和起模称为机器造型。机器造型不仅能减轻工人的劳动强度，而且也提高了铸件质量。随着铸造生产的发展，机器造型的出现是必然的并不断向前发展。机器造型需要投入大量的资金购买机器及设计、制造工艺装备，但节省了大量的人力，因此在成批大量生产的中小件中应用非常广泛。

1. 型砂的紧实方法

型砂经过紧实后才具有一定的强度，这不仅是为了使型砂具有一定的形状，更重要的是要使砂型经受住在翻转和搬运过程中的震动而不塌落，在浇注过程中抵抗金属液的冲刷而不损坏，在液态金属压力作用下型壁保持原状而不移动。因而型砂的紧实是非常重要的。目前型砂的紧实方法有压实、震实、震压、微震压实、抛砂紧实和高压射压紧实等。

（1）震击式紧实方式

震击式紧实是指利用压缩空气从进气孔进入气缸，使工作台和砂箱举升一定高度（20～80 mm），当气缸体底部到达排气孔时，气体突然排出，使工作台下落与机座产生震击，使型砂受到冲击力而紧实，如图 1—6 所示。震击频率为 150～200 次/min，一般需十几到几十次的震击才可达到所需要的紧实度。由于下层型砂受到的作用力较大，紧实度较高；而上层型砂受到的作用力较小，紧实度较低，因此，一般必须对上层型砂进行补充紧实。

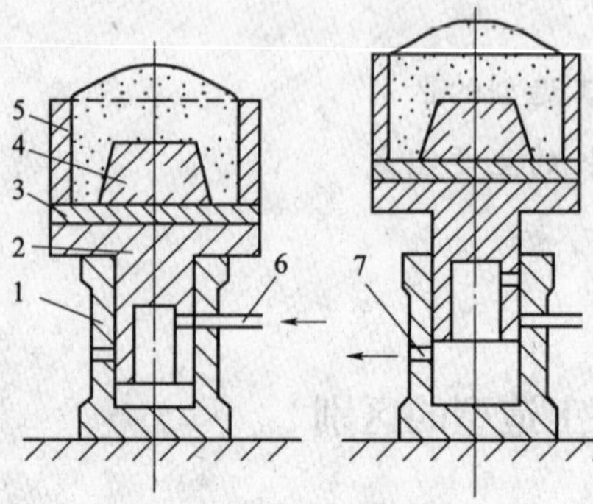

图 1—6　震击式紧实

a）震击前开始进气　b）震击工作台开始下降

1—气缸　2—工作台　3—模板　4—模样　5—砂箱　6—进气孔　7—排气孔

（2）压实式紧实方式

压实式紧实是指用压板或压头从型砂的上面施加压力，将型砂紧实成型，如图 1—7 所示。

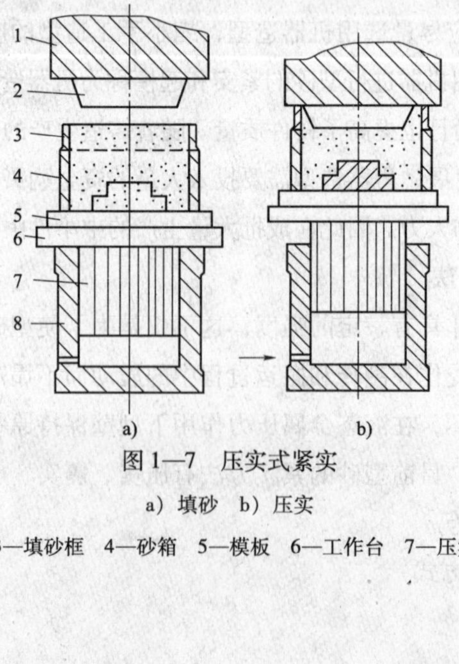

图 1—7　压实式紧实

a）填砂　b）压实

1—转臂　2—压头　3—填砂框　4—砂箱　5—模板　6—工作台　7—压实活塞　8—压实气缸

采用压实式紧实时砂型上部紧实度较大，下部较小，模样顶部紧实度大，砂箱四周小。为了避免上述不足，可采用成型压头（即高低不平的压头）进行紧实。

（3）震压式紧实方式

震压式紧实是指对型砂先进行震击，然后再加以压实，如图 1—8 所示。显然，这种紧实方式在一定程度上克服了单震击和单压实的不足，使砂型上下紧实度分布较均匀。

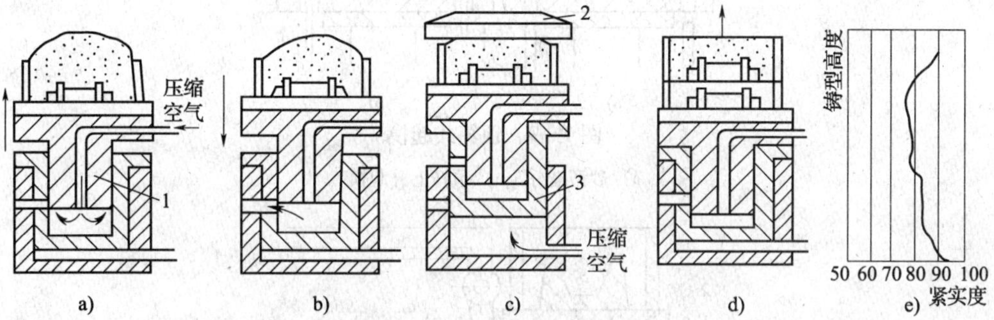

图 1—8　震压式紧实

a）震动（上升）　b）震动（下落）　c）压实　d）起模震动　e）铸型紧实度曲线

1—震动活塞　2—压板　3—压实活塞

（4）微震压实式紧实方式

微震压实式紧实是指利用高频率、低振幅震击砂型，同时辅加压实（压震式），也可先微震后再辅加以压实（预震式）。通常微震频率为 500 ~ 1 000 次/min，振幅为 5 ~ 30 mm。微震能降低砂流的摩擦阻力，提高型砂的流动性，从而使整个砂型尤其是模样周角处紧实度更加均匀。

2. 起模方式

机器造型一般均配备机械化的起模机构，其起模方式可分为顶箱式起模和翻箱式起模两种。

（1）顶箱式起模

顶箱式起模过程是模板自砂型下方脱离砂型，如图 1—9 所示。砂型造好后，造型机模板下的四根顶杆上升，顶住砂箱四角继续同步上升，使砂型与模板分离，实现起模，称为顶箱式起模。

（2）翻箱式起模

翻箱式起模一般是模板自砂型上方脱离。目前有翻台式和转台式两种。这两种方式实质是一样的，均需将模板和砂箱翻转 180°后再起模。翻台式起模如图 1—10

所示。起模过程是先将砂箱和模板一起夹紧，然后工作台绕支轴翻转 180°，这时接箱台上升托住砂型，再打开夹紧装置，接箱台和砂型一起缓缓下降，完成起模。显然，这种起模方式结构较复杂，但起模工艺性较好，特别对大中型铸件或有大凸块的下砂型起模非常方便。

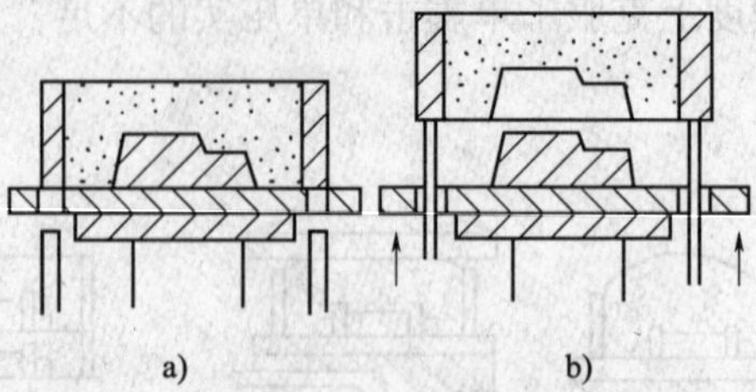

图 1—9　顶箱式起模

a）砂型造好　b）顶杆上升起模

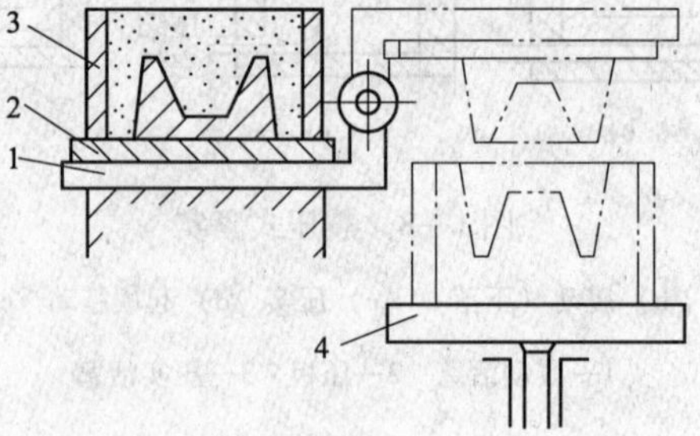

图 1—10　翻台式起模

1—工作台　2—模板　3—上砂箱　4—接箱台

水平分型双面模板的脱箱造型常将两种起模方式结合应用，在同一工位上完成上下型的起模过程，如图 1—11 所示。造型完毕，工作台下降，上型被托架托住，工作台继续下降，完成上型起模，工作台再继续下降，模板被托架托住，工作台继续下降，完成下型起模。

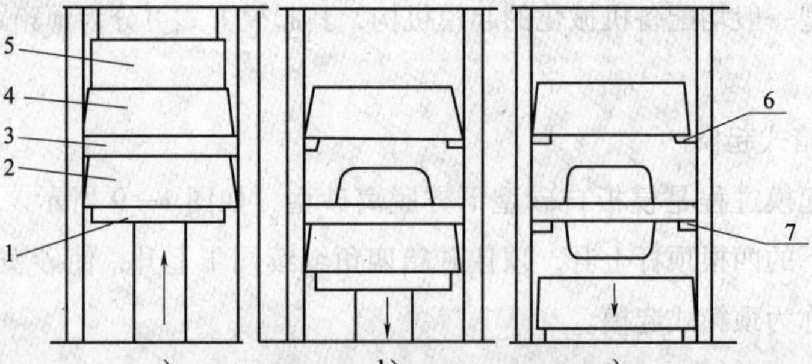

图 1—11　双面模板脱箱造型的起模方式

a）造型完毕　b）上型起模　c）下型起模

1—工作台　2—下型　3—模板　4—上型　5—压头　6—上型托架　7—下型托架

二、机器造型用模板的主要组成

模板也称型板，是机器造型中使用的主要工艺装备，它由模底板、模样和浇口模、冒口模等组成。模底板用于安装模样、浇口模、冒口模等，造型后形成铸型的分型面。采用模板造型减化了工序，提高了生产效率，保证了铸件的尺寸精度和表面质量。因此，它在成批大量生产中被广泛使用，在小批生产的手工造型中，为了提高铸件质量也可应用模板造型。

实际生产中模板的类型很多，按制造方法不同模板可分为装配式模板和整铸式模板。

装配式模板的模样和模底板分开单独制造，然后将模样装配在模底板上，如图1—12 所示为装配式单面模板。这种模板制造容易，应用较多。

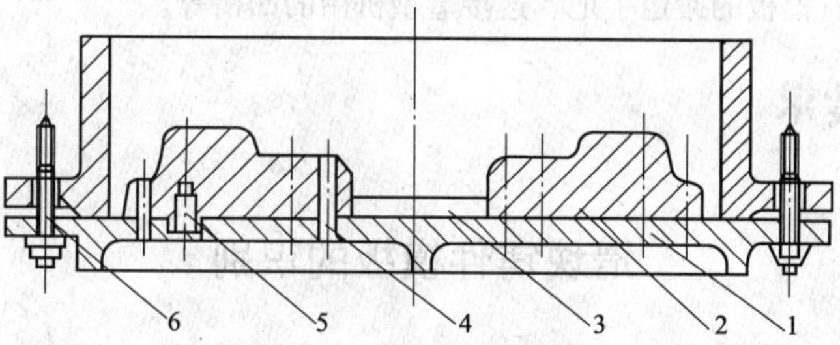

图 1—12　装配式单面模板

1—模底板　2—模样　3—内浇口　4—销钉　5—沉头螺钉　6—定位销

整铸式模板的模样和模底板整体铸造在一起，然后经加工制成，如图 1—13 所示为整铸式双面模板。这种模板制造较为困难，制造成本较高，但使用寿命长，模板刚度高，主要应用于成批大量生产的小件模板。

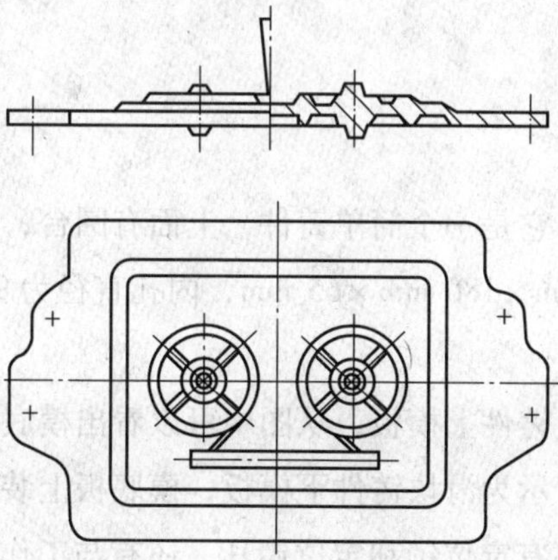

图 1—13　整铸式双面模板

无论是哪种模板，基本都由以下几部分组成：

1. 模底板

模底板是模板的主体，形成铸型的分型面。

2. 模样

模样安放在模底板上，形成铸件的外轮廓型腔。

3. 浇口模和冒口模

浇口模和冒口模安放在模底板上，形成浇口和冒口型腔。

4. 模板与砂箱定位机构

模板与砂箱定位机构一般也装在模底板上，造型时用于模板和砂箱的定位，以保证上下型的精度。

5. 其他机构

其他机构有模板的搬运手把、连接造型机用的凹槽等。

技能要求

滑块铸件模板的识别

一、工作准备

1. 铸件图

滑块铸件如图1—14所示。

2. 模板

滑块铸件的上模板和下模板分别如图1—15和图1—16所示。

二、工作程序

1. 读懂铸件图

从滑块铸件图可知，它是一个简单铸件，上面有圆台，下面是方块，中间有一圆孔，外形尺寸为210 mm×180 mm×65 mm，内孔直径为90 mm。

2. 识别模板

图1—15所示为滑块铸件上模板，从图中可以看出模底板上装有横浇道和铸件上圆台模样。图1—16所示为滑块铸件下模板，模底板上装有内浇道和铸件上的下方块模样。上下模板上都有定位销和定位销耳，还有与工作台连接的凸耳等。

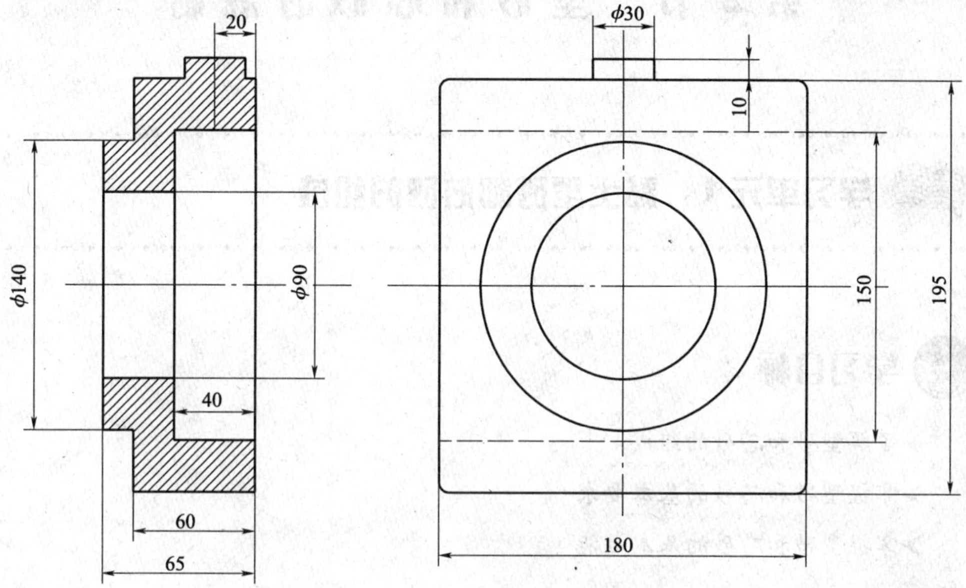

图 1—14　滑块铸件

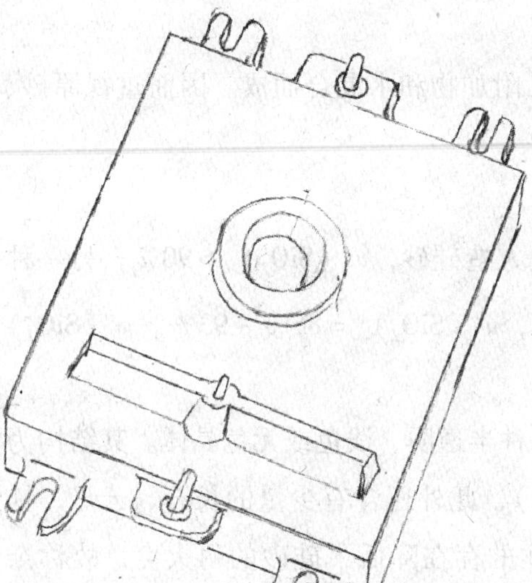

图 1—15　滑块铸件上模板

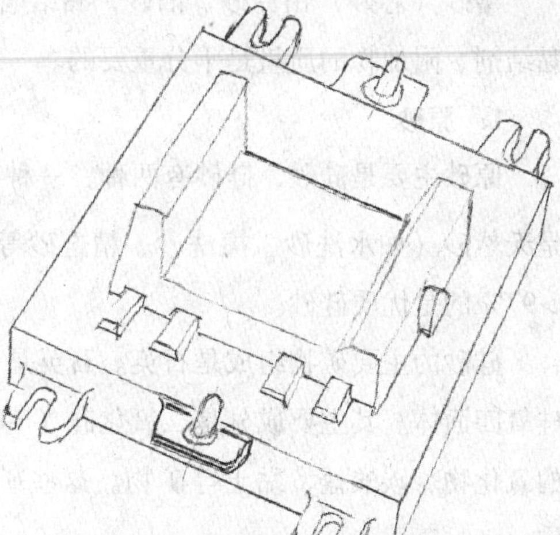

图 1—16　滑块铸件下模板

第2节 型砂和芯砂的混制

学习单元1 黏土型砂和芯砂的组成

学习目标

- ➢了解型砂和芯砂的组成
- ➢掌握型砂和芯砂的基本要求
- ➢掌握型砂和芯砂的基本性能

知识要求

一、型砂和芯砂的组成

型砂（芯砂）由原砂、旧砂、黏结剂、附加物和水混合而成。因而重视原砂、黏结剂、附加物的质量是十分重要的。

1. 原砂

原砂主要是硅砂，硅砂有两种：一种是人造硅砂，w（SiO_2）>90%；另一种是天然砂（如水洗砂、擦洗砂、精选砂等），w（SiO_2）=85%～93%。w（SiO_2）>97%的是优质硅砂。

硅砂的主要矿物组成是石英。石英是一种半透明、浅色或无色晶体。其结构为硅氧四面体。其主要成分是二氧化硅（SiO_2），此外还含有少量的长石、云母、铁的氧化物、碳酸盐、黏土等矿物。这些矿物的存在降低了硅砂的耐火度，故称杂质。

硅砂是粒度为0.053～3.35 mm的耐火颗粒，密度为2.65 g/cm^3，熔点为1 713℃。硅砂的二氧化硅含量越高，其耐火度就越高，有利于降低铸件表面粗糙度值；随着杂质含量的增加，硅砂的耐火度下降。

2．黏结剂

（1）黏土

黏土是铸造生产中最常用的一种黏结剂，黏土主要分为铸造用高岭土和铸造用膨润土两大类。

1）铸造用高岭土。高岭土又称白水泥，呈白色或灰白色，主要由高岭石矿物所组成，一般化学成分为 $Al_2O_3 \cdot 2SiO_2 \cdot 2H_2O$。黏土越细，黏结力越好，黏土的质量分数在 95% 以上应通过筛孔直径为 0.106 mm 的试验筛。黏土中的杂质对黏土工艺性能有一定影响，要求水的质量分数小于 10%。黏土干燥时收缩率较小，不易产生裂纹。

黏土的牌号以耐火度等级和强度等级表示。按照机械行业标准 JB/T 9227—1999《铸造用膨润土和黏土》的规定，耐火度分为高（G）级（>1 580℃）和低（D）级（1 350 ~ 1 580℃）两个级别。如牌号 NG—3—50 中 N 表示黏土，G 表示耐火度为高级，3 表示湿压强度值为 30 ~ 50 kPa，50 表示干压强度值大于 500 kPa。

2）铸造用膨润土。铸造用膨润土又称陶土，为白色或略带微红色的粉末，主要由蒙脱石类黏土矿物所组成，化学成分为 $Al_2O_3 \cdot 4SiO_2 \cdot nH_2O$。膨润土的质量分数在 95% 以上应通过筛孔直径为 0.075 mm 的试验筛，膨润土中水的质量分数不大于 12%。水润湿后的膨润土体积会膨胀几倍至几十倍。黏结力比高岭土高 2 ~ 4 倍，干燥时收缩率大，易产生裂纹。

铸造用膨润土的牌号以分类、分级代号顺序排列表示。膨润土分为酸性（代号 S）和碱性（代号 J）两类，湿压强度值分为 10、7、5、3 四个等级，热湿拉强度值分为 25、20、15、5 四个等级。如牌号 PCaS—3—5 表示酸性钙基膨润土，湿压强度值为 30 ~ 50 kPa，热湿拉强度值为 0.5 ~ 1.5 kPa。

我国主要生产钙基膨润土，也有钠基膨润土。由于钠基膨润土的性能比钙基膨润土好，因而可以使用活化处理工艺将钙基转化为钠基，提高型砂的性能。

活化处理工艺是指在混砂时加入一定的钠盐，加入量一般为膨润土质量分数的 3% ~ 5%。

$$P_{Ca} + Na_2CO_3 \xrightarrow{\text{水介质}} P_{Na} + CaCO_3$$

式中　P_{Ca}——钙基膨润土；

P_{Na}——钠基膨润土。

（2）新型黏结剂

黏土作为黏结剂往往不能满足铸造生产的要求，因此，随着铸造生产的发展出现了许多新型黏结剂。这类黏结剂可以分为以下几类：

1）黏结剂混入砂中经过烘烤产生化学反应，将砂粒黏结在一起而变硬。这类黏结剂有桐油、合脂、渣油、树脂等。

2）烘烤时，黏结剂中的水分蒸发而使砂黏结变硬，如亚硫酸盐、纸浆废液、糖浆、糊精等。

（3）不经烘烤自行硬化的黏结剂

这类黏结剂有普通水泥、水玻璃、树脂等。

这些黏结剂的加入，使型砂和芯砂的性能得到不同程度的改善，适用于不同的铸造生产。

3. 附加物

型砂中的附加物是指除黏结剂以外用于改善型砂、芯砂性能的物质，如石墨粉、煤粉、重油、煤油、木屑等。

（1）石墨粉

石墨粉是一种耐火度很高、化学性质稳定的粉状物，常用来作为敷料和用于涂料中。石墨粉有两种：一种是鳞片状结晶形，呈银灰色，固定碳高，耐火度高；另一种是非结晶形，呈黑色，固定碳低，杂质较多，耐火度也较低。石墨粉是很好的抗粘砂材料，多用于型砂、芯砂中。

（2）煤粉

煤粉是烟煤的磨粉。在高温金属液的作用下，型砂中的煤粉生成一层还原性气体CO保护膜，将液态金属与砂型壁隔开，同时在砂型和金属液界面上生成一层亮碳膜，不仅可以防止机械粘砂，也能防止化学粘砂。

（3）重油和煤油

重油和煤油在砂粒表面形成均匀的油膜，浇注时在金属液的作用下形成还原性气体保护膜和亮碳膜，因而也具有防止粘砂的作用。

（4）木屑

木屑多用于干型的芯砂中，以改善砂芯的退让性和溃散性。在湿型中加入质量分数为2%～3%的木屑可减少型砂的膨胀，以防止铸件产生夹砂、结疤等缺陷。

二、型砂和芯砂的混制

1. 确定配比

由于铸件特性、造型原材料及造型方法的不同，各企业的型砂配比也不相同，在决定配比时，可参考有关企业的经验，结合本单位的条件初步制定出型砂性能指标及配方，进行配砂、性能测试、试生产，并在生产实践中不断调整，就可以得到适合本单位生产的型砂配方。

（1）黏土砂的分类

黏土砂根据用途不同分为面砂、背砂和单一砂。

1）面砂。面砂是指经特殊配制的在造型时与模样接触的一层型砂。浇注金属液时，面砂直接与高温金属液接触，对铸件质量影响很大，因而面砂应具备较高的强度、韧性、流动性、耐火度、适宜的透气性、抗粘砂和夹砂性等。面砂一般配用较多的新砂或全部用新砂配制而成。

2）背砂。背砂是指在模样上覆盖面砂后充填砂箱用的型砂。背砂只要求具有较好的透气性和一定的强度。背砂一般由旧砂加水配制而成，必要时加入少量黏土，混砂时间也比较短。

3）单一砂。单一砂是指不分面砂与背砂的型砂，通常用于中小件机器造型，单一砂的性能应接近面砂。

采用面砂和背砂，不但便于保证铸件质量，还能降低原材料的消耗，减少舂砂、落砂和混砂的劳动强度。但在机器造型车间会使供砂系统复杂，并且降低造型机的生产效率。因此，手工造型多使用面砂和背砂，而机器造型只是在生产一些重大件（如气缸等）时才使用面砂和背砂。

（2）混制

1）全部用新砂时湿型砂配比。新建车间投产时，或某些重要铸件投产时，面砂往往全部用新砂配成，这时主要考虑黏土、煤粉等的加入量和合适的含水量。对于小件湿型砂，膨润土一般加入量为4%～6%，普通黏土为6%～8%；中大件中加入量应适当增加，一般膨润土为6%～8%，普通黏土为9%～10%。

煤粉的加入量，对薄壁小件一般为3%～4%，较大件可适当增加，但一般不超过8%，否则型砂的性能将变差。

合适的加入量是指使湿压强度和透气性达到一个合适的数值。这时的水分称为调湿点。对于一般中小件手工造型来说，合适的水分大致在4%～6%范围内。

2）用旧砂时型砂配比。砂型浇注后，受金属液的热作用，型砂中的部分黏土将会失去结构水，从而失去黏结能力，这部分黏土将以灰尘或薄膜形式包在砂粒表面。型砂中的部分砂粒也会因急剧受热产生内应力而破碎，使砂粒变细或被烧结成复合砂粒。型砂中的部分煤粉或其他附加物也会失去挥发成分或烧结成多孔性的细焦炭粉或变成灰分而留在旧砂中。由于这些变化使型砂的复用性受到影响，生产中往往不仅需将靠近铸件表面和砂芯的砂子清除，而且在使用前还要利用除尘设备清除旧砂中的有害灰分，然后再补加一定量的新砂、黏土和煤粉来保证型砂的质量。

新砂的加入量取决于铸件大小，湿型小件面砂一般加入量为5%~10%，中小铸件为15%~30%。黏土的加入量可由旧砂中有效含量的值决定，一般中小件加入量为2%~5%。煤粉的加入量也可由测得旧砂中有效含量的值后决定，一般中小件加入量为1%~4%。铸铁件型砂和芯砂配比及性能见表1—3。

表1—3　　铸铁件型砂和芯砂配比及性能

名称	配比（%）					性能	
	新砂	旧砂	膨润土	煤粉	水分	湿压强度（kPa）	透气性
小活面砂	5	95	2	2	5~6	≥65	≥40
中活面砂	10	90	3	3	4~5	≥70	≥50
大活面砂	20	80	4	4	5.5~6	≥80	≥60
小活芯砂	10	90	3	3	4~5	≥60	50
中活芯砂	15	85	3	3	4.5~5.5	≥65	60
大活芯砂	20	80	4	4	5.5~6	≥70	≥70
背砂		100					

2. 混制工艺

旧砂、新砂、黏结剂、附加物等经过处理后就可以进行混砂，混砂工艺是先干混1~2 min，然后加水湿混4~8 min。混好的型砂还要经过调匀和松砂处理后再使用。

（1）混砂

混砂是在碾轮式混砂机中进行的，应严格按照加料顺序和混砂工艺进行混制。一般的加料顺序是：旧砂+新砂+黏土+煤粉+其他附加物+水。

（2）调匀

型砂配好后，为了使黏土充分被润湿而最大限度地发挥黏结作用，应将型砂停放一段时间，这一停放过程称为调匀。一般单一砂停放2 h左右，面砂停放4~5 h，但注意应在表面用湿麻布或湿草袋盖好。

（3）松砂

型砂在使用前要进行松砂处理，也就是将大砂团破开。这样经过松砂处理的型砂可进一步提高型砂的透气性、湿强度和可塑性。

三、型砂和芯砂的性能

在浇注时型砂和芯砂要直接承受金属液的热作用和流动时的冲击作用等。因此，型砂和芯砂质量的好坏对铸件的质量有很大的影响。由于造型材料质量不好可引起的铸造缺陷有三砂一孔（砂眼、夹砂、粘砂、气孔）和裂纹等。为了防止废品的出现，型砂必须具备一定的性能要求。

1. 强度

型砂强度是指型砂试样抵抗外力破坏的能力，包括湿强度、干强度、热强度等。型砂必须具备一定的强度，否则在起模、搬运砂型、下芯、合箱等过程中，砂型就可能破损、塌落；浇注时可能承受不住金属液的冲刷，冲坏砂型表面，使铸件产生砂眼等缺陷，甚至造成胀砂或呛火现象。但是，强度也不应太高，否则使铸件收缩阻力增大，导致铸件开裂，落砂也较困难。因此，型砂的强度要控制适当。

影响型砂强度的主要因素有以下几个方面：

（1）原砂的粒度和形状

在同样紧实条件下，原砂粒度越细、越分散，则强度越高。一般尖角型砂比圆角型砂的接触面积大，相互啮合作用也大，因此，理论上尖角型砂的强度应比圆角型砂大，但是由于尖角型砂不易紧实，因而尖角型砂的强度往往比圆角型砂低。

（2）黏土与含水量

型砂中黏土含量增加，湿压强度最大值可随之增加，但黏土过多，湿压强度就不再提高，型砂中黏土含量太多，会使型砂混碾困难，形成黏土团，型砂的其他性能也变坏。当黏土量一定时，湿压强度开始随着型砂水分的增加而增加，达到最大值时强度则随水分的增加而下降。

（3）混砂工艺

当黏土砂混制不好时，型砂中会出现黏土团，使型砂的强度和其他性能都降低。混砂时主要控制加料顺序和混砂时间。

（4）紧实度

型砂的紧实度越高，其强度也越高。

2. 透气性

透气性是表示紧实砂样孔隙度的指标，即在标准温度和 98 Pa 气压下，1 min 内通过 1 cm^2 截面和 1 cm 高紧实砂样的空气体积量。金属液浇入砂型，尤其是湿砂型时会产生大量气体，因此，砂型必须具备良好的排气能力；否则，浇注时可能产生呛火现象，造成金属液喷溅，也可能使铸型形成气孔、浇不足等缺陷。砂型的排气能力一方面靠与型腔贯穿的出气孔和冒口以及从砂型背部扎不贯穿的出气孔来决定；另一方面取决于型砂的透气性。

影响透气性的因素有以下几个方面：

（1）原砂粒度

原砂粒度越粗、越均匀，则型砂的透气性越好。

（2）黏土含量

当型砂含水量一定时，黏土加入量越多，则透气性越差。

（3）水分

合适的水分能保证型砂具有良好的透气性，但水分不宜过多，否则会降低透气性。

技能要求

手工脱箱造型用型砂的混制与基本性能测试

一、工作准备

1. 新砂

用粒度140/70、含泥量小于等于2%的圆形天然砂。

2. 旧砂

车间现使用的旧砂。

3. 膨润土

选用黏结性较好的膨润土。

4. 煤粉

一般选用铸造用煤粉。

二、工作程序

1. 根据零件要求混制型砂

（1）确定配比

铸铁小件，面砂：新砂10%，旧砂90%，膨润土2%，煤粉2%，水5%～

6%，要求湿压强度大于等于 75 kPa，透气性大于等于 60%。背砂：旧砂 100%。

（2）制定混砂工艺

新砂、旧砂、黏结剂、附加物和水准备好后即可进行混砂。混砂工艺是先干混 1 ~2 min，然后加水湿混 4 ~8 min。混好的型砂还要经过调匀和松砂处理后再使用。

（3）混制

混制过程在车间混砂机中进行。加料顺序是：旧砂 + 新砂 + 膨润土 + 煤粉 + 水。然后将混好的型砂放出进行调匀处理，即将放出的型砂堆好，上面盖上湿麻袋，2 h 之后过筛后方能使用。

2. 测定型砂性能

（1）测定含水量

含水量是造型材料或型砂中所含水分的百分数，一般采用称重法测定。取试样（50 ±0.01）g 置于玻璃器皿内，在温度 105 ~110℃的红外线烘干箱内烘干至恒重（烘干 30 min，称其质量，然后每烘干 15 min 称量一次，直至相邻两次称量之间的差不超过 0.02 g 时视为恒重）。将此试样置于干燥器中冷却至室温，再进行称量。并按下式计算含水量：

$$w(水) = \frac{m_1 - m_2}{m_1} \times 100\%$$

式中　w（水）——原砂中水的质量分数，%；

m_1——烘干前样砂的质量，g；

m_2——烘干后样砂的质量，g。

（2）制作标准试样

为了比较各种型砂和芯砂性能上的差别，在进行型砂和芯砂的性能试验前都要制作一个标准试样。根据测试性能的要求不同，标准试样有圆柱形、8 字形和方柱形。标准试样的制备都是在制样机（见图 1—17）上进行的。

在制样机上制取直径和高度都为 50 mm 的一个圆柱形砂柱，它不仅有特定的尺寸，而且还具有一定的紧实度，这样的砂柱叫做标准试样。

因为标准试样可以在数量上比较出各种型砂性能上的差别，所以在测定透气性和强度时要用标准试样，如图 1—18 所示。

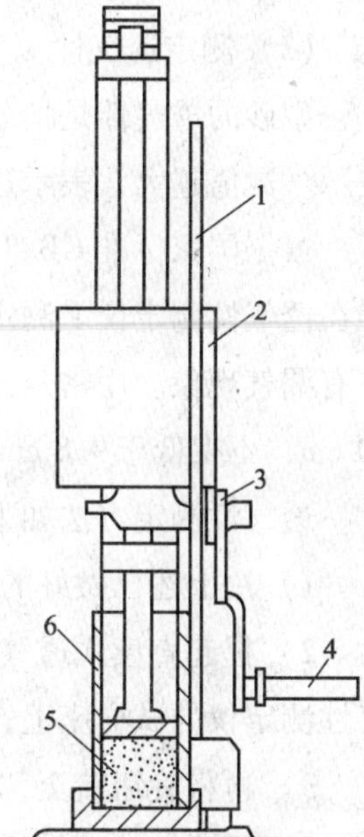

图 1—17　制样机

1—重锤升起手柄　2—重锤

3—凸轮　4—凸轮手柄

5—试样　6—试样筒

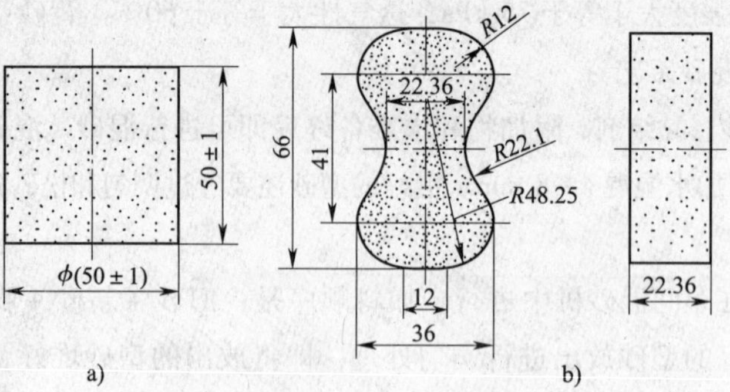

图1—18　型砂标准试样
a）圆柱形试样　b）8字形试样

制备圆柱形试样时，首先称取160～180 g样砂，然后倒入试样筒中，放在制样机重锤下，转动主动凸轮，使重锤自由落下压实砂样，连续冲击三次。三次冲击完后，在机架顶部中心部位刻有三条平行线，重锤杆上的标记线应在上下平行线之间，试样高度为（50±1）mm。若试样高度不符应重新调整砂量，再重新制作。圆柱形试样主要用于测量透气性、湿压强度等；8字形试样主要用于测量抗拉强度；方柱形试样主要用于测量抗弯强度。

（3）测定透气性

型砂的透气性是指紧实的砂样允许气体通过的能力。型砂的透气性大小用数值表示。数值越大，表示透气性越高。单位是cm^2/（Pa·s），但一般都省去不写。

根据国家标准GB/T 2684—2008《铸造用砂及混合料试验方法》，型砂的透气性在透气性测定仪上测定。测定前，应先检查仪器的准确度，即仪器的全部系统不应有漏气现象。用密封试样筒试验时，保持10 min气钟不下降，水柱的高度应为10 cm，不得低于9.8 cm，如图1—19所示为STZ型直读式透气性测定仪的原理图。

透气性测定方法如下：

1）用上述已做好的标准试样筒来测定透气性。

2）提起直读式透气性测定仪的气钟，将带有标准试样的试样筒放到直读式透气性测定仪的试样座上，并使两者密合。

3）再将旋钮转至“工作”位置。这样即可从微压表上直读出透气性的数值。

4）当试样的透气性大于等于50时，应采用ϕ1.5 mm的大阻流孔；试样的透气性小于50时，应采用ϕ0.5 mm的小阻流孔。

（4）测定湿压强度

强度是表示型砂在外力作用下破坏时单位面积所承受力的大小，单位为Pa（帕）或kgf/cm^2（千克力/平方厘米）。

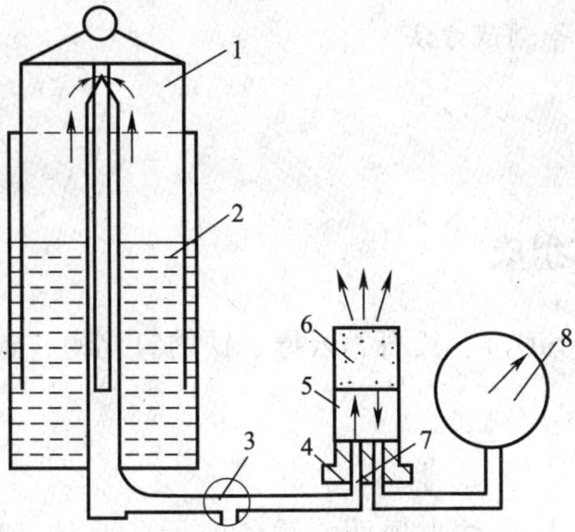

图 1—19　STZ 型直读式透气性测定仪的原理图

1—气钟　2—水筒　3—三通阀　4—试样座　5—试样筒　6—标准试样　7—阻流孔　8—微压表

测定时可在液压强度试验机（或机械杠杆式强度试验机）上进行。测定湿压强度时，将已测定完透气性的标准试样从试样筒中取出，置于预先装置在强度试验机上的抗压夹具上，然后转动手轮逐渐对试样加载，直至试样破裂，从压力表中即可读出强度值，如图 1—20 所示为湿压强度试验机的原理图。

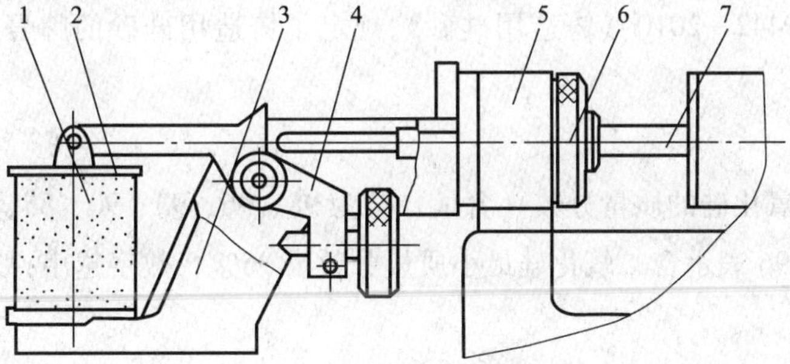

图 1—20　湿压强度试验机的原理图

1—试样　2—压板　3—托架　4—曲杆　5—试验机夹具孔　6—固定螺母　7—顶杆

学习单元 2　原砂（新砂）性能的测试

学习目标

- 了解原砂的基本组成
- 掌握对原砂的基本要求

➢掌握原砂的粒度等测试方法

知识要求

一、原砂的基本组成

原砂主要由硅砂（SiO_2）、长石、云母、铁的氧化物、碳酸盐、硫化物等物质组成。

1. 硅砂

硅砂又称石英砂，是一种半透明、浅色或无色晶体，化学成分为二氧化硅（SiO_2）。人工硅砂中二氧化硅的质量分数为 90% 以上，天然硅砂的质量分数为 85% ~93%，铸造用硅砂中二氧化硅的质量分数应大于 75%。粒度分布一般为 0. 02 ~3. 35 mm，二氧化硅的质量分数在 97% 以上为优质砂，硅砂中其余成分为长石、云母、铁的氧化物、碳酸盐、黏土等，天然硅砂中泥的质量分数为 1% ~2%，水洗后可降低含泥量。

硅砂的熔化温度通常在 1 700℃以上，二氧化硅含量越高，其耐火度越高。国家标准 GB/T 9442—2010《铸造用硅砂》规定了铸造用硅砂的牌号，如 ZGS96—60Q—15 等。

（1）分级

硅砂按二氧化硅的质量分数（含量）分为 98、96、93、90、85、80 和 75 共 7 级，分级代号 96 表示含二氧化硅最小质量分数为 96%，数字越小，二氧化硅含量越低。

（2）分组

铸造用硅砂按粒度分组，硅砂粒度分布一般为 0. 02 ~3. 35 mm，硅砂主要粒度分为 85、60、42、30、21、15、10、07、05 共 9 组。硅砂粒度大小由筛分法确定，标准筛中相邻三筛残留量之和为最大值的是其主要粒度组成部分，三筛中取其中间筛的筛孔尺寸作为分组代号。如分组代号 30 表示中间筛筛孔尺寸为 0. 30 mm。在主要粒度组成部分中，前筛残留量大于后筛残留量用字母 Q（前）表示，反之用 H（后）表示。

（3）分类

硅砂的颗粒形貌用角形系数表示，角形系数代号分为 15、30、45、63 和 90 共 5 类，角形系数代号 30 表示角形系数小于或等于 1. 30，角形系数代号越小，其形状越趋近于圆形。

铸造用硅砂牌号“ZGS96—60Q—15”表示铸造用硅砂的二氧化硅的质量分数大于或等于96%、主要粒度组成部分筛孔尺寸为0.60 mm，前筛残留量大于后筛残留量，角形系数代号为15。

2. 特种砂

常用的特种砂有锆砂、镁砂、铬铁矿砂、刚玉砂等。主要用于大型铸钢件和合金钢的型（芯）砂中的面砂和抗粘砂涂料与涂膏。

（1）锆砂

锆砂外观为无色的锥柱形颗粒，是一种以硅酸锆（$ZrSiO_4$）为主要成分的矿物，熔点为2 430℃，锆砂中由于含有少量三氧化二铝和氧化钙，使熔点降至2 200℃。锆砂按化学成分不同分为1~4级，按粒度不同分为特细砂（分组代号07）、细砂（分组代号10）、中细砂（分组代号15）三个规格。

（2）镁砂

镁砂的主要成分是氧化镁（MgO），由天然菱镁矿石（$MgCO_3$）经高温煅烧加工而成。纯镁砂的熔点高达2 800℃，普通镁砂中由于含有少量SiO_2、CaO、Fe_2O_3等杂质，使熔点降至2 000℃以下。镁砂按化学成分不同分为MS—91~MS—78Ga等7个牌号。镁砂主要用于高锰钢铸件的型（芯）砂和涂料与涂膏中。

（3）铬铁矿砂

铬铁矿砂的主要成分为氧化铁（FeO）和三氧化铬（Cr_2O_3），耐火度大于1 900℃，有害杂质是碳酸盐。铬铁矿砂按化学成分不同分为1、2两级，粒度分组为21和30。

（4）刚玉砂

刚玉砂是由高铝矾土经加工和2 400℃高温熔炼制成的，纯刚玉呈白色菱形结晶，铸造用白刚玉砂中Al_2O_3的质量分数大于等于97%，棕色刚玉质量分数大于等于92.5%，刚玉砂的熔点为2 000~2 500℃。因其主要用于磨料行业，故按磨料粒度组成分为4、12、16…W5等很多组。

二、对原砂的基本要求

1. 含泥量

原砂中的含泥量是指颗粒小于0.022 mm的组成物的含量，它主要是硅石、长石、云母等矿物的细粉。含泥量高，降低型砂的强度、透气性和耐火度，特别是在用油类黏结剂或合成树脂黏结剂时，含泥量对型砂强度影响更大。因此，为了提高原砂的质量，需对其进行水洗、擦洗、浮选等，以降低其含泥量。

2. 颗粒的组成

颗粒形状、大小、均匀率以及颗粒表面形态等对型砂的透气性、强度和耐火度都有一定的影响。

3. 热稳定性

原砂在高温作用下体积膨胀和收缩的性能称为热稳定性。热稳定性对铸件质量影响很大。

三、原砂砂样采集、水分、含泥量、粒度等测试方法

1. 原砂的砂样采集

先将准备好的原砂进行砂样的采集，砂样要具有代表性，否则测出的结果不准确。采集砂样时，应在砂堆或储砂筒内的不同部位和不同深度上分别采集，采集的数量一般每吨不少于0.25 kg，总质量不少于10 kg。把各部位取得的砂样混合后，堆成圆饼形并分成四等份（见图1—21a），然后任取相对的两等份（见图1—21b）。这样重复进行，一直分到只剩下试验所需要的质量为止。

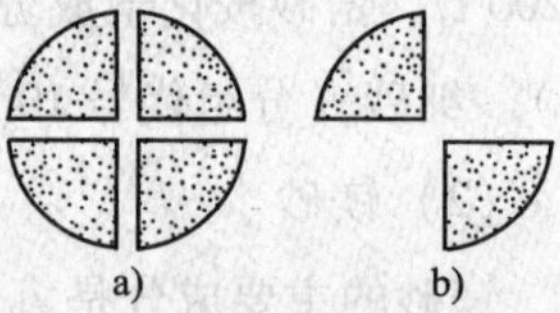

图1—21 砂样的取法

a）分成四等份

b）取相对的两等份

用上述方法取砂样才具有代表性，试验出来的结果较为可靠。

2. 原砂水分的测定

将采集好的砂样在天平上称取（50±0.01）g置于玻璃器皿内，在温度105～110℃的红外线烘干箱内烘干至恒重（烘干30 min，称其质量，然后每烘干15 min称量一次，直至相邻两次称量之间的差不超过0.02 g时视为恒重）。将此砂样置于干燥器中冷却至室温，再进行称量，并按前述公式 $w（水）=\frac{m_1-m_2}{m_1}\times 100\%$ 计算含水量。

3. 原砂含泥量的测定

原砂中含有的直径小于0.020 mm颗粒部分的质量分数称为原砂的含泥量。称取烘干的原砂砂样（50±0.01）g，放入60 mL的专用洗砂杯内，再注入390 mL的水（最好是蒸馏水）和10 mL的质量分数为5%的焦磷酸钠溶液。煮沸3～5 min后，将洗砂杯置于涡旋式洗砂机上搅拌15 min。取下洗砂杯，加清水至标准高度125 mm处，用玻璃棒搅拌30 s后，静置10 min，用虹吸管排出浑水。

第二次再加清水至标准高度125 mm处，重复上述操作。

第三次以后的操作与上述相同，但每次静置时间为 5 min。这样反复多次，直至洗砂杯中的水透明、无泥为止。

最后一次，将洗砂杯中的清水排出后，把砂样和余水置于 ϕ100 mm 左右玻璃漏斗的定性滤纸上过滤，待余水滤净后，将砂样连同滤纸移入玻璃器皿中，在 140～160℃烘干至恒温，再将其置于干燥器中冷却到室温，称量砂样质量。原砂中泥的质量分数按下式计算：

$$w(\text{泥}) = \frac{m_1 - m_2}{m_1} \times 100\%$$

式中　w（泥）——原砂中泥的质量分数，%；

m_1——水洗前样砂的质量，g；

m_2——水洗后样砂的质量，g。

4. 原砂粒度的测定

砂子颗粒度的大小是用“铸造用试验筛”筛分法测定的。选取测定过含泥量的烘干砂样，放入一套按次序重叠起来的标准筛最上面一层筛孔最大的一个筛子内，然后盖上筛盖，将标准筛在筛砂机振筛架上固定好，如图 1—22 所示。

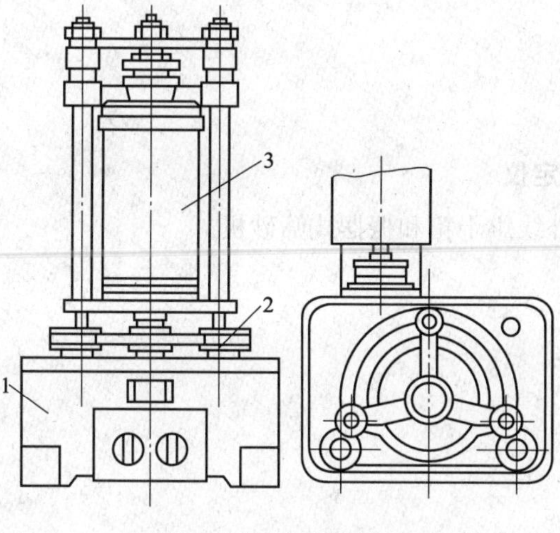

图 1—22　振摆式筛砂机

1—电动机　2—振筛架　3—试验筛

试验时，先把筛砂机定时器的旋钮旋至 15 min 的位置。启动电动机，使筛子来回摆动将砂子筛分，当筛砂机自动停止后取下筛子，依次将各筛子及底盘上的砂子分别倒在光滑、干净的纸上，并用毛刷仔细从筛网反面刷下夹在筛孔中的砂粒。称量每个筛子上砂子的质量，并计算出其占砂样总量的百分数，即得出砂子颗粒分布值。试验后，将每个筛子及底盘上的砂子质量和含泥量相加，不应超过（50 ±

0.1）g；否则，应重新进行试验。

根据 GB/T 9442—2010 规定，原砂粒度主要有两种表示方法。

一种方法是以主要粒度组成部分的三筛或四筛的首尾筛号表示。计算出筛分后各筛上的停留量占砂样总量的百分数，其中，相邻三筛停留量百分数大于等于75%，或四筛停留量大于等于85%，然后以其首尾筛号表示，如30/50或30/70。

另一种是平均细度表示法。平均细度可直接反映原砂的平均粒度尺寸。

筛号的意思是表示每英寸长度内有多少个筛孔。如30号表示每英寸长度有30个筛孔。筛号越大，筛孔越小。

技能要求

原砂性能的测试

一、工作准备

1. 原砂

原砂准备。

2. 型砂性能测定仪

测定仪包括红外线烘干箱和振摆式筛砂机。

3. 原砂采样器

二、工作程序

1. 采样

2. 水分测定

在天平上称取（50±0.01）g砂样置于玻璃器皿内，在温度105～110℃的红外线烘干箱内烘干至恒重（烘干30 min，称其质量，然后每烘干15 min称量一次，直至相邻两次称量之间的差不超过0.02 g时视为恒重）。将此砂样置于干燥器中冷却至室温，再进行称量，并按前述公式 $w（水）=\frac{m_1-m_2}{m_1}\times100\%$ 计算含水量。

3. 粒度测定

选取测定过含泥量的烘干砂样，放入一套按次序重叠起来的标准筛最上面一层筛孔最大的一个筛子内，然后盖上筛盖，将标准筛在筛砂机振筛架上固定好。试验时，先把筛砂机定时器的旋钮旋至 15 min 的位置。启动电动机，使筛子来回摆动将砂子筛分，当筛砂机自动停止后取下筛子，依次将各筛子及底盘上的砂子分别倒在光滑、干净的纸上，并用毛刷仔细从筛网反面刷下夹在筛孔中的砂粒。称量每个筛子上砂子的质量，并计算出其占砂样总量的百分数，即得出砂子颗粒分布值。其中，相邻三筛停留量百分数大于等于 75%，或四筛停留量大于等于 85%，然后以其首尾筛号表示，如 30/50 或 30/70。

试验后，将每个筛子及底盘上的砂子质量和含泥量相加，不应超过（50 ± 0.1）g；否则，应重新进行试验。

第 3 节　造型与制芯

学习单元 1　造型

学习目标

➤能根据零件选择合适的砂箱等用具

➤能进行轮盘类简单件手工造型操作

➤能进行轮盘类简单件机器造型操作

知识要求

一、手工造型用砂箱的选择

手工造型中，除了模样和芯盒外，砂箱是构成砂型的重要部分，它不仅支撑砂型，而且是砂型翻转和砂型输送必不可少的工具。选择砂箱时应考虑以下几点：

1. 砂箱的内框尺寸

砂箱的内框尺寸 A 和 B 是砂箱的典型代表尺寸，如图 1—23 所示。砂箱常用的内框尺寸表明砂箱的大小，选用砂箱的内框尺寸时首先要考虑的是吃砂量。吃砂量是指模样到箱壁的距离，也就是模样到箱壁之间的砂层厚度，砂层厚度与砂型的砂层强度有关。砂层厚度太薄，强度可能太低，容易导致塌箱；砂层厚度太厚，不仅浪费型砂，而且使砂型变重，砂箱尺寸可参考表 1—4 选取，手工造型选用砂箱参数见表 1—4。

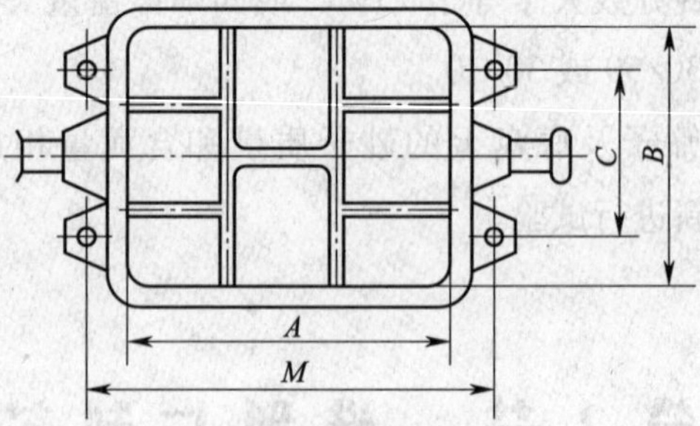

图 1—23　砂箱的内框尺寸

表 1—4　　手工造型选用砂箱参数　　mm

砂箱尺寸	模样外缘至砂箱内壁距离	模浇道外缘至砂箱内壁距离	模样之间最小距离	模样最低处到砂箱底面或箱带的最小距离		模样最高处到砂箱顶面或箱带的最小距离	
				无箱带	有箱带	无箱带	有箱带
≤400	>25	>30	>30	50	—	40	—
401 ~ 600	>40	>45	>40	60	—	50	—
601 ~ 1 000	>50	>50	>50	—	20	—	20

选择砂箱的高度时也要考虑吃砂量，同时还应考虑直浇道的高度。直浇道的高度不够，容易产生浇不足、冷隔等铸造缺陷，但砂箱的高度不可太高，以免砂型太重，这时可用一浇口杯来增加压头的高度，避免产生铸造缺陷。

2. 砂箱内浇口和冒口的安放

砂型内必须有浇口，也就是浇注系统，因此，要把浇注系统的位置选择出来，选择时也要考虑它的吃砂量。铸件若有冒口也要把冒口的地方选择出来。

3. 砂箱的质量

若是单人操作，砂箱不可太重，一般控制砂箱的内框尺寸在 300 mm × 250 mm 的范围内。若是脱箱造型，可选用木材或铝合金制造的砂箱，如图 1—24 所示为用木材和铝合金制造的脱箱造型砂箱。

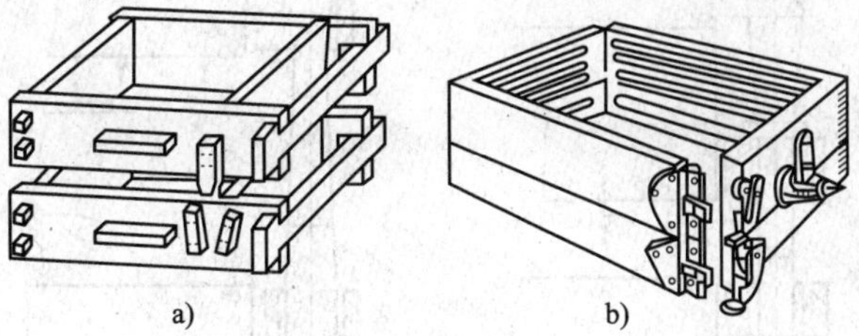

图 1—24　脱箱造型砂箱

a）木材制造　b）铝合金制造

4．铸铁砂箱

一般砂箱常用铸铁材料做成正方形或长方形，以便于舂实型砂，翻转和吊运砂型。若选用这种砂箱，还应考虑砂箱有无箱带、手把、吊轴等装置。如图 1—25 所示为铸铁砂箱。

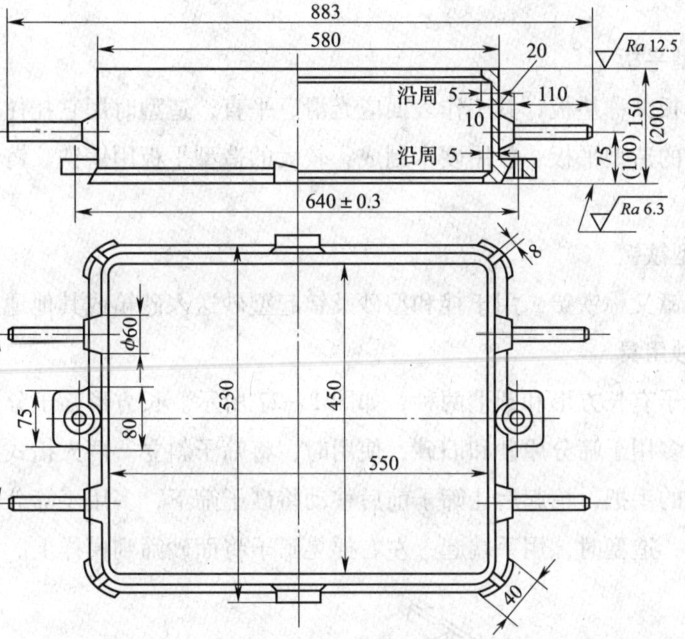

图 1—25　铸铁砂箱

5．砂箱上的定位装置

一般常用砂箱上都设有定位装置，以保证上下砂型的定位。铸铁砂箱常用定位销定位，手工造型用铸铁砂箱常用座销和插销定位，如图 1—26 所示。

若砂箱上无定位装置，手工造型时可采用打泥号的方法定位，但这样定位精度较差，而且费力、费时。

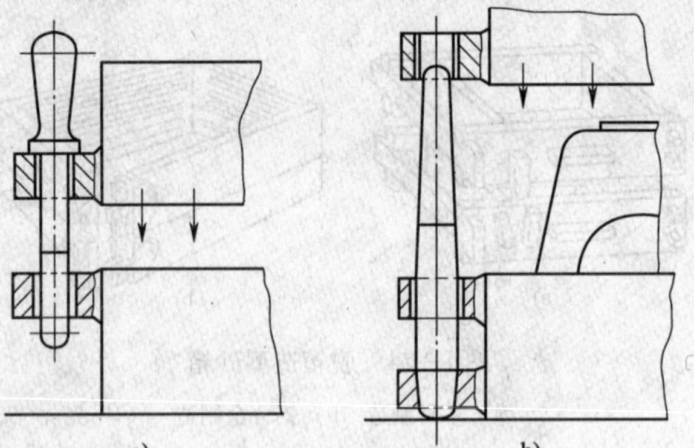

a)　　b)

图 1—26　砂箱用座销和插销定位

6. 其他

如砂箱的夹紧装置等。

二、手工造型用各种工具

1. 造型平板

造型平板又称垫板，其工作表面应光滑、平直，造型时用它托住模样、砂箱和砂型。小型的造型平板一般用硬木制成，较大的造型平板用铸铁、铸钢或铝合金等制成。

2. 造型铁锨

造型铁锨又称铁铲，用于拌和型砂及铲起型砂送入砂箱或其他地点。

3. 筛砂用具

常用筛子有长方形和圆形两种，如图 1—27 所示。长方形筛子分为立式和两人抬式，立式多用于筛分原砂和旧砂，使用时，将筛子斜立。两人抬式由两人分别握住筛子两端的手把，抬起后让筛子前后移动将砂子筛下，多用于筛分旧砂。圆形筛一般为手筛，造型时，用手端起，左右摇晃筛子将面砂筛到模样上。

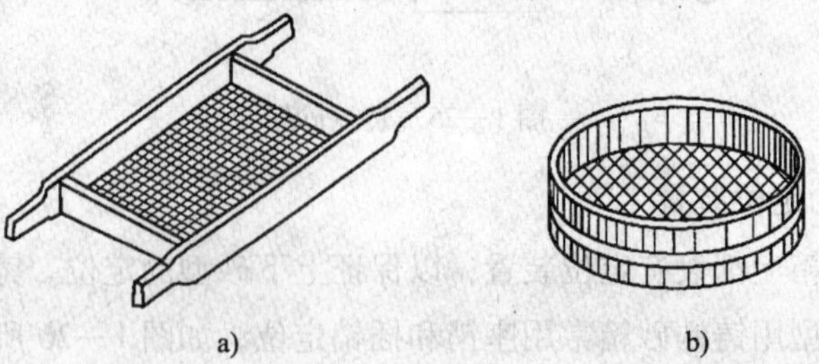

a)　　b)

图 1—27　筛砂用具

a）两人抬式长方形筛　b）圆形筛

4. 紧砂用具

紧砂用具主要是砂舂，造型时用来舂实型砂，如图 1—28 所示。砂舂的头部分为扁头和平头两种，扁头用来舂实模样周围及砂箱边或狭窄部分的型砂，平头用来舂实砂型表面。根据砂舂使用的场地不同，砂舂的长度有长有短，可自行选择。

对于较大的砂型，可用风动捣固器（又称风冲子或风枪）来紧实型砂，其结构如图 1—29 所示。它由压缩空气带动，因而可节省人力，减轻工人的劳动强度。

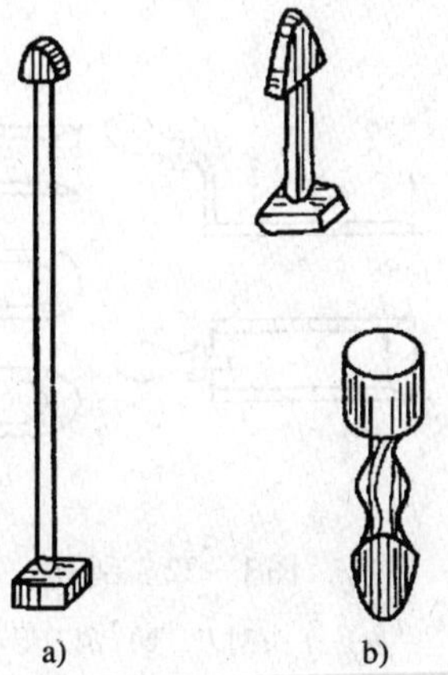

图 1—28　砂舂

a）地面造型用砂舂

b）造型平台上用造型砂舂

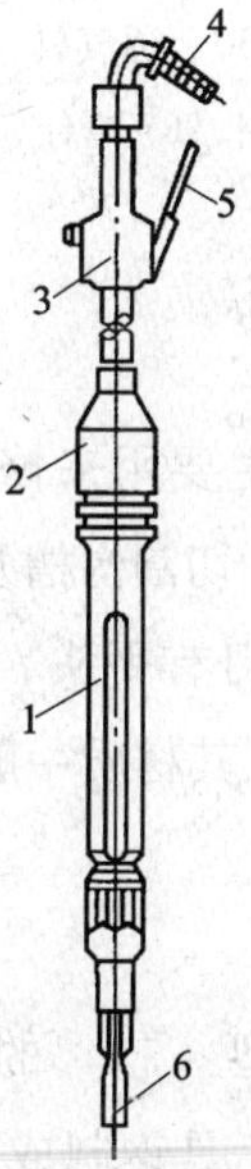

图 1—29　风动捣固器的结构

1—锤身　2—自动换气阀　3—进气阀

4—管接头　5—控制手柄　6—锤头

5. 刮板

刮板多用平直的木板制成，其长度应比砂箱宽度稍长，当砂型舂实后，用来刮去高出砂箱的多余型砂。

6. 通气针

通气针又称气眼针，常用直径为 2 ~ 6 mm 的铁丝或钢丝制成，有直针和弯针两种，如图 1—30 所示。用它在砂型中扎出通气的孔眼，以排出浇注时产生的气体。

7. 起模针和起模钉

起模针和起模钉用来起出砂型中的模样，如图1—31所示。工作端为尖锥的称为起模针，用来起出较小的模样；工作端为螺纹的称为起模钉，用来起出较大的模样。

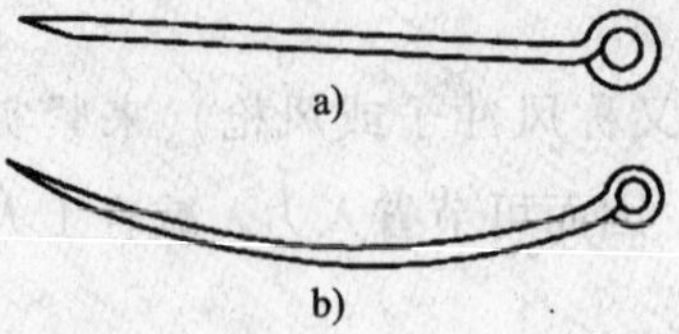

图1—30　通气针

a）直针　b）弯针

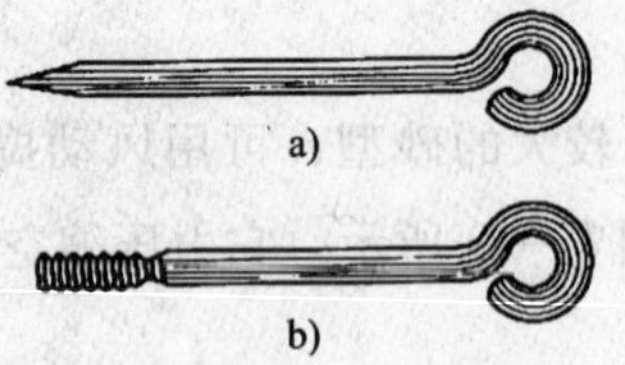

图1—31　起模针和起模钉

a）起模针　b）起模钉

8. 修型用具

（1）镘刀

镘刀又称刮刀，主要用来修理砂型的较大平面，开挖浇口、冒口，切割沟槽及把砂型面的加强钉按入砂型中等。镘刀有平头、圆头和尖头等几种，如图1—32所示。其材质一般为工具钢，手柄用硬木制成。

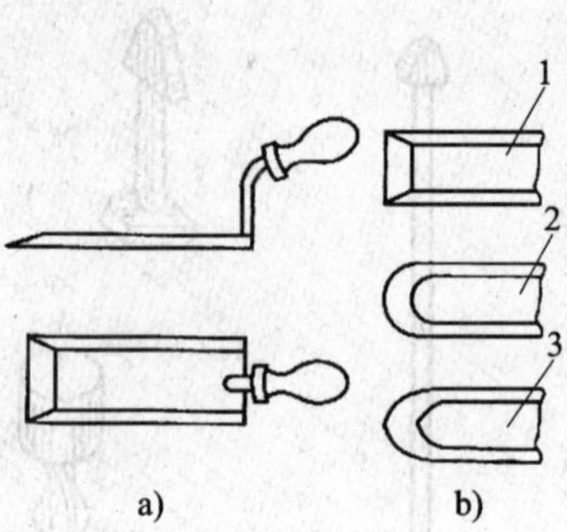

图1—32　刮刀

a）平头刮刀　b）刮刀形状

1—平头形　2—圆头形　3—尖头形

（2）压勺

压勺用来修整砂型（芯）的较小平面及开设较小的浇道等。常用工具钢制成，其一端为弧面，另一端为平面，勺柄斜度为30°，如图1—33所示。

（3）双头铜勺

双头铜勺主要用来修整曲面和窄小的凹面，如图1—34所示。

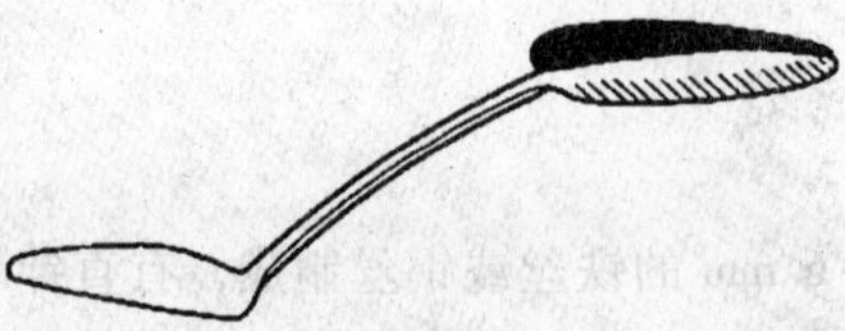

图1—33　压勺

图1—34　双头铜勺

（4）提钩

提钩又称砂钩，主要用来修整砂型中深而窄的底面和侧壁，提出或压实散落在型腔中的型砂等。提钩常用工具钢制成，有直提钩和带后跟提钩，如图 1—35 所示。按提钩头部宽度和长度的不同又分为不同的种类，修型时，根据型腔部分的尺寸来选择合适的提钩。

（5）圆头

圆头用来修整圆形及弧形凹槽，一般用铜合金制成，如图 1—36 所示。

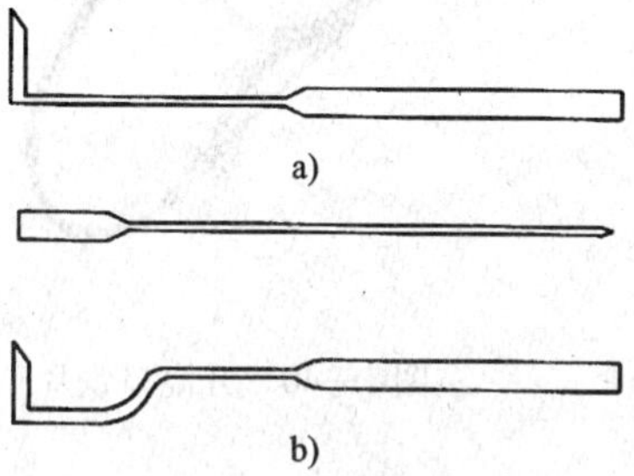

图 1—35　提钩

a）直提钩　b）带后跟提钩

图 1—36　圆头

（6）半圆

半圆又称铜皮，一般用铜合金制成，用来修整垂直弧形的内壁及其底面，如图 1—37 所示。

（7）法兰梗

法兰梗又称光槽镘刀，一般用铜合金制成，用来修整砂型（芯）的深窄底面及管子两端法兰的窄边，如图 1—38 所示。

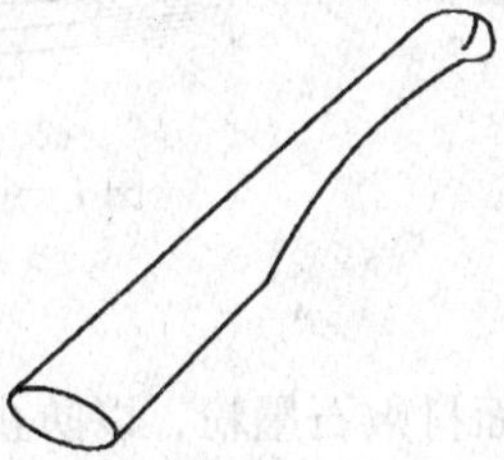

图 1—37　半圆

图 1—38　法兰梗

（8）成型镘刀

成型镘刀一般用铜合金制成，用来修整及镘光砂型上的内外圆角和弧形面等。如图 1—39 所示，成型镘刀的工作面形状多种多样，在实际生产中可根据所修表面的形状来选用。

（9）开浇口铁片

开浇口铁片由薄铁片弯制而成，弯制的角度可任意调整，以便于控制浇道，如图 1—40 所示。

图 1—39　成型镘刀

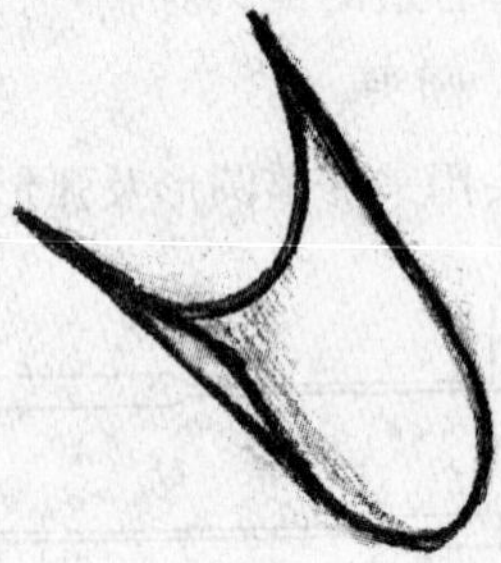

图 1—40　开浇口铁片

（10）水笔

为了便于起模和修型，常用水笔来润湿模样边缘的型砂，常见的水笔有扁头和圆头两种，如图 1—41 所示。

（11）排笔

排笔主要用来清扫砂型上的灰尘和砂粒，或用于在砂型表面涂刷涂料，如图 1—42 所示。

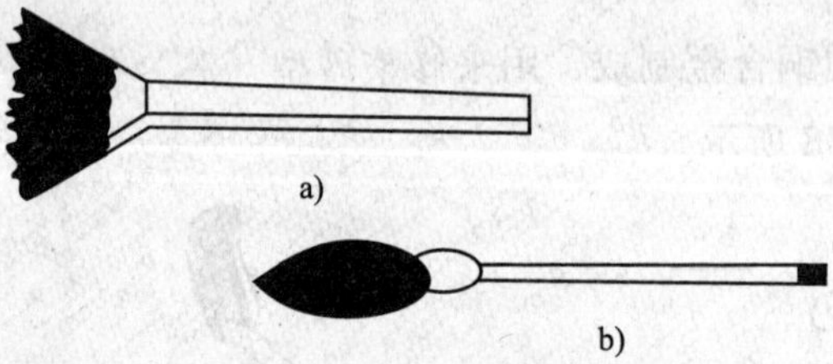

图 1—41　水笔

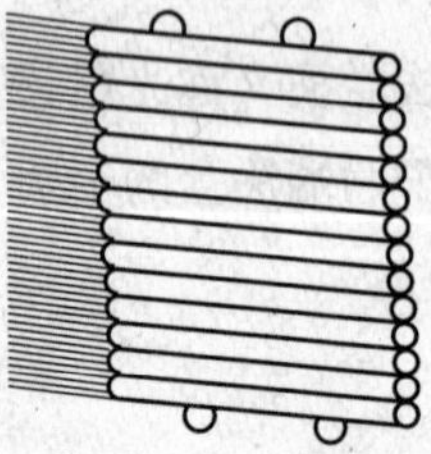

图 1—42　排笔

9. 粉袋

粉袋内装石墨粉或滑石粉，用来在型腔表面抖敷石墨粉，以防止粘砂；或在模样表面抖敷滑石粉，以防止粘模等。

10. 手风箱

手风箱也称皮老虎，用来吹去砂型上散落的灰尘和砂粒，使用时不可用力过猛，以免损坏砂型，如图 1—43 所示。

11. 常用量具

常用量具有钢卷尺和钢直尺等，主要用来测量长度、外径和内径等尺寸。测量外径和内径等尺寸时，与外卡钳和内卡钳配合使用。外卡钳和内卡钳如图 1—44 所示。

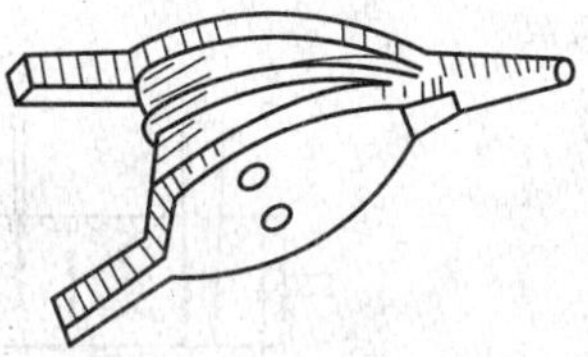

图 1—43　手风箱

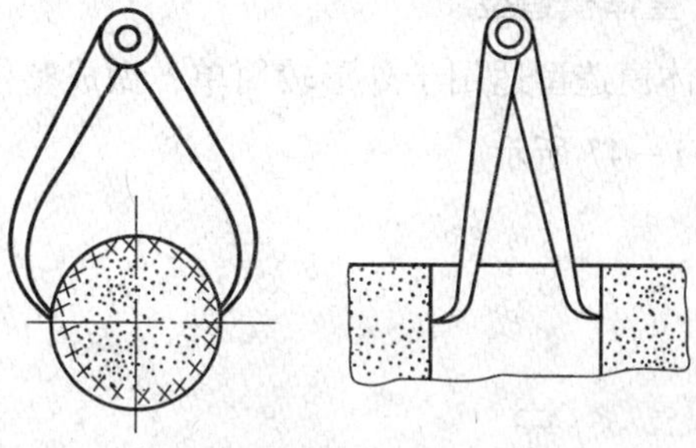

图 1—44　外卡钳和内卡钳

a）外卡钳　b）内卡钳

12. 水平仪和 90° 角尺

水平仪主要用于测量被测平面是否水平，90° 角尺主要用于检查被测物体是否垂直。水平仪如图 1—45 所示。测量时将水平仪置于待测平面上，观察水平仪中的气泡是否偏离中心位置，从而可判断该平面是否水平。

13. 砂型表面硬度计

砂型表面硬度计主要用于测量湿态砂型（芯）表面硬度，如图 1—46 所示。测量时，将硬度计下端的钢球压在砂型表面上，刻度盘上指针所指数字即为砂型（芯）表面硬度。一般砂型紧实后的硬度为 60 ~ 80；紧实度高的砂型表面硬度为 85 ~ 90；砂芯的硬度为 70 ~ 80。

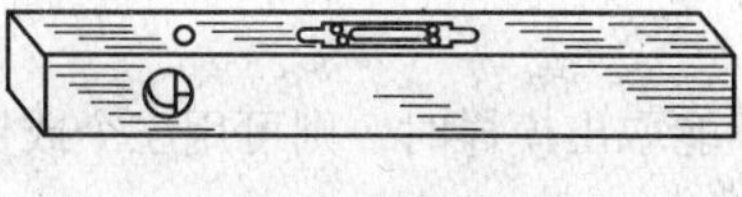

图 1—45　水平仪

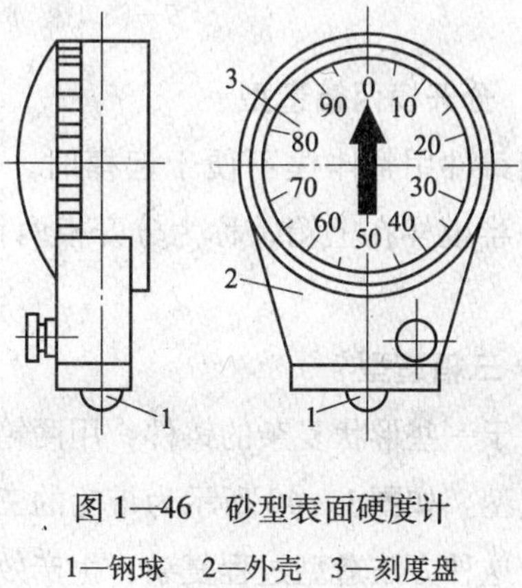

图 1—46　砂型表面硬度计

1—钢球　2—外壳　3—刻度盘

14. 其他用具

其他用具中的手电筒、钢丝钳、活扳手和笤帚等也是常用工具。

三、简单零件的手工造型方法和过程

1. 整体模造型

整体模造型适用于外形较简单，做成整体模样也能方便起模的铸件，其造型过程如图 1—47 所示。

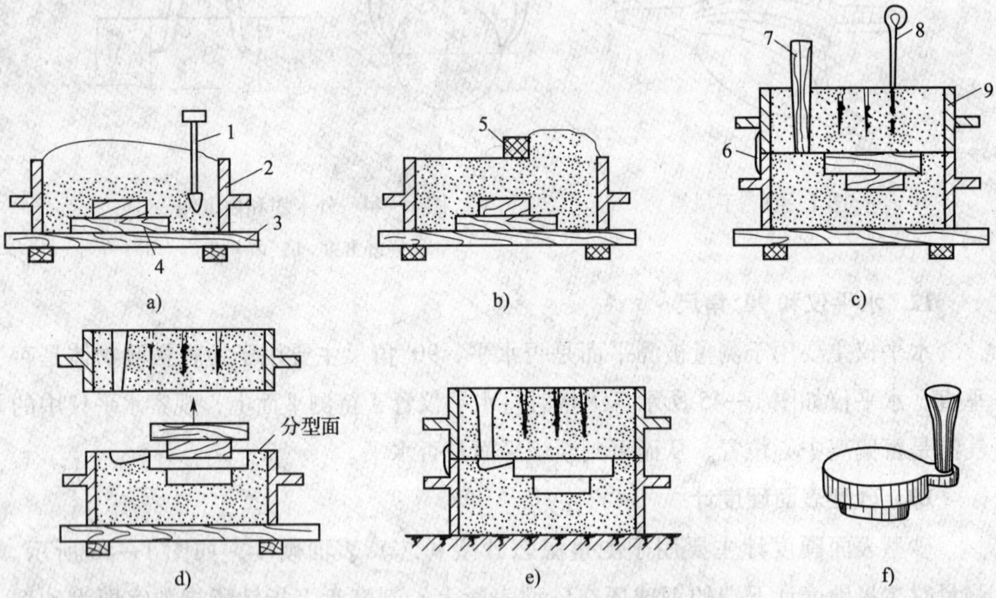

图 1—47　整体模造型过程

a）造下型　b）刮平　c）翻下型，造上型　d）敞箱，起模　e）合箱　f）带浇口的铸件

1—砂舂　2—下砂箱　3—底板　4—模样　5—刮板　6—泥号

7—浇口棒　8—通气针　9—上砂箱

2. 分开模两箱造型

当铸件用整体模不便于起模时，将模样沿最大截面处分开，一半模样在下箱，一半模样在上箱，称为分开模两箱造型。套筒的分开模造型过程如图 1—48 所示。

3. 三箱造型

对于一些形状复杂的铸件，用两箱造型不能取出模样时，则可用三个或更多的砂箱造型。如图 1—49 所示为带轮的三箱造型过程。先造下箱，再造中箱，最后造上箱。这种方法造型过程复杂，生产效率低，主要用于单件、小批量生产。

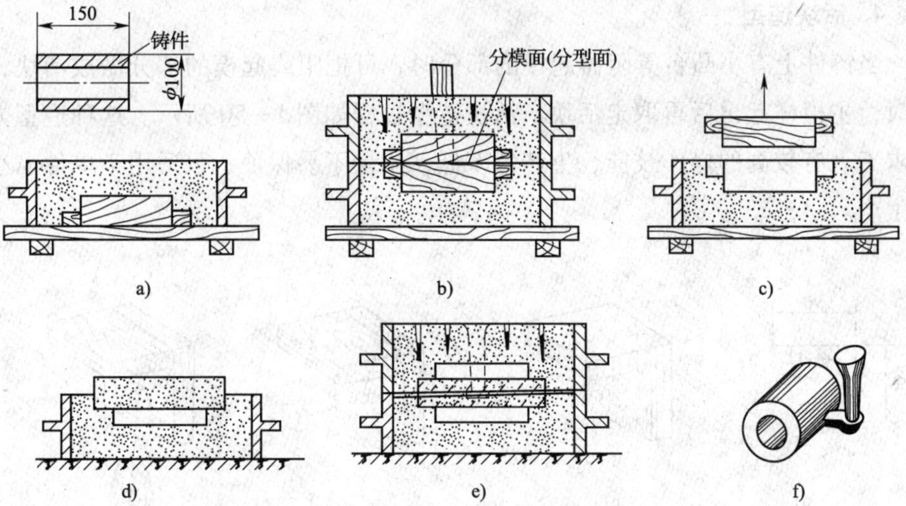

图 1—48　套筒的分开模造型过程

a）造下型　b）造上型　c）敞箱，起模，开浇口　d）下芯　e）合箱　f）带浇口的铸件

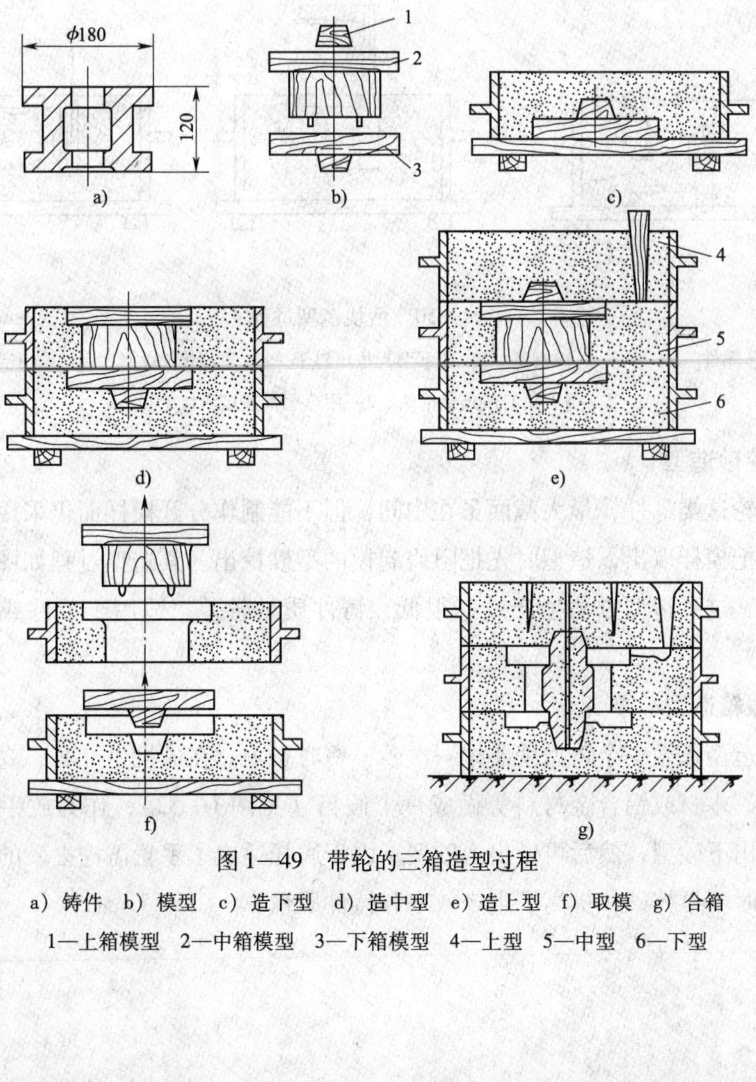

图 1—49　带轮的三箱造型过程

a）铸件　b）模型　c）造下型　d）造中型　e）造上型　f）取模　g）合箱

1—上箱模型　2—中箱模型　3—下箱模型　4—上型　5—中型　6—下型

4. 活块造型

当铸件上有小凸台等阻碍起模的部分时，可把阻碍起模的部分做成活块，造型时，主模样起出后再取走活块，活块造型过程如图 1—50 所示。这种造型方法要求工人有较高的操作技能，生产效率低，质量不易保证，只适用于单件、小批量生产。

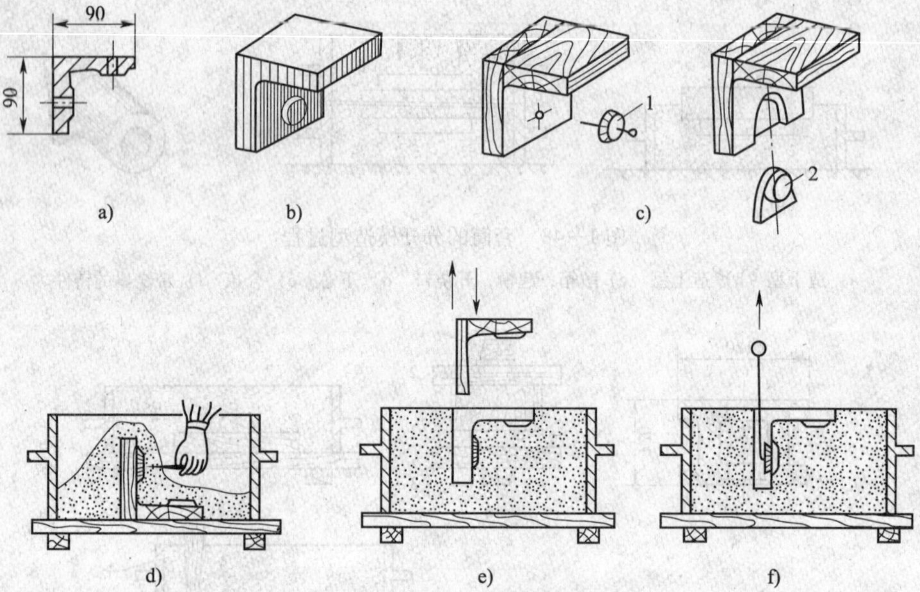

图 1—50　活块造型过程

a）零件　b）铸件　c）模型　d）造下型，拔出钉子　e）取出模型主体　f）取出活块

1—用钉子连接活块　2—用燕尾榫连接活块

5. 挖砂造型

像手轮这类零件，最大截面虽在中间，但不能制作分开模样而仍采用整体模样时，为了把模样取出，造型时先把阻碍起模的型砂挖出。其造型过程如图 1—51 所示。因此，这种造型方法生产效率很低，铸件质量较差，适用于单件或修配件的生产。

6. 假箱造型

挖砂造型每做一个铸型就要挖一次砂，费时费力。在成批生产时，先用强度较高的型砂、木材或铝合金材料等做成一个假箱（见图 1—52），作为放手轮模样的底板，造出下砂型，然后再做出上砂型。由于底托适应了手轮需挖去砂的形状，因而造下型时不再挖砂，提高了生产效率和铸件质量。

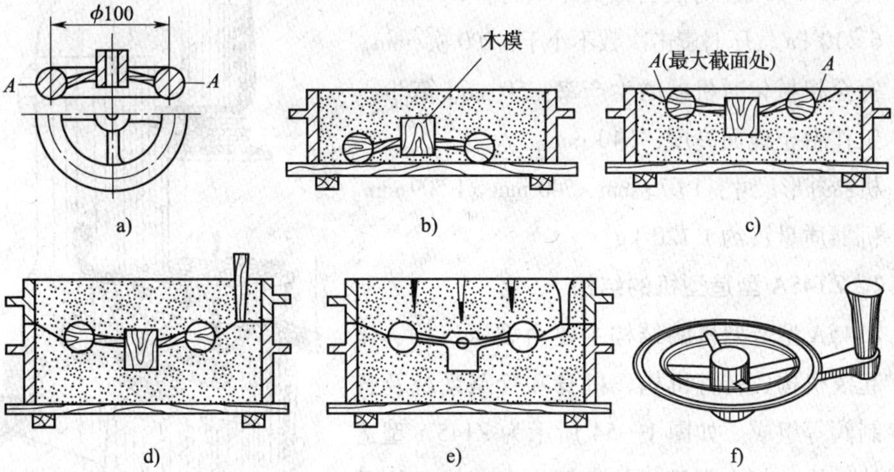

图 1—51　手轮的挖砂造型过程

a）零件　b）造下型　c）翻下型、挖修分型面　d）造上型　e）合箱　f）带浇口铸件

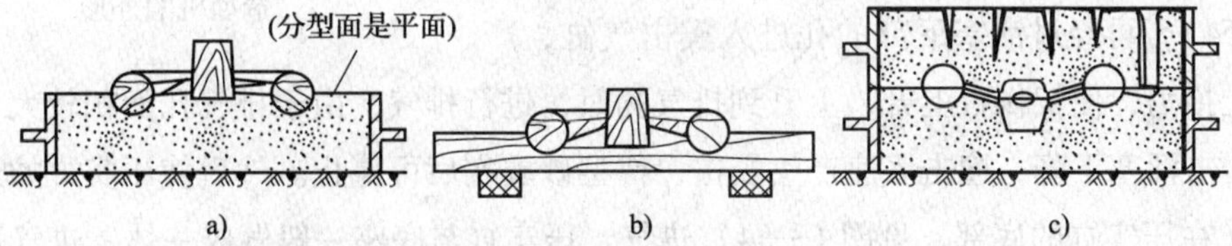

图 1—52　假箱造型过程

a）假箱　b）成型底板　c）合箱图

四、震压式造型机

1. Z145A 型震压式造型机的技术规格

机器造型使用的机器种类很多，这里主要介绍常用的 Z145A 型顶箱震压式造型机的基本性能和操作方法。由此可学习机器造型应了解的内容和学习机器造型的方法。如图 1—53 所示为 Z145A 型顶箱震压式造型机的外形。

它的主要技术规格如下：

震实工作台台面尺寸：560 mm × 460 mm。

砂箱内框尺寸：最大 500 mm × 400 mm；最小 350 mm × 280 mm。

起模行程：150 mm。

压头至工作台之间最大距离：420 mm。

压头最大调节范围：150 mm。

震实高度：35 ~ 40 mm。

6×10^5Pa 气压时震台最大举重力：1 600 N。

6×10^5Pa 气压时震击次数不小于：200 次/min。

完全机械化时机器的生产率：50～60 箱/h。

工作台至地面高度：640 mm。

机器外形尺寸：1 075 mm×740 mm×1 509 mm。

机器质量：约 1 120 kg。

2. Z145A 型造型机的结构

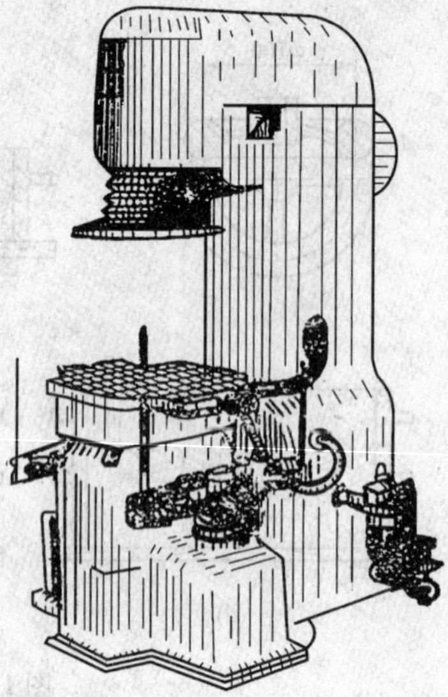

图 1—53　Z145A 型顶箱震压式造型机的外形

Z145A 型造型机的结构主要由震压机构、压头、起模机构、转臂机构、机身和管路系统及各种控制阀等组成。如图 1—54 所示为 Z145A 型造型机的结构。其中震压机构、压头和起模机构是造型过程需要的主要机构。震击时压缩空气通过工作台面内的通道进入震击活塞内部（见图 1—54），再经过活塞下部的孔进入震击气缸，产生上抬力，使工作台上升，上升到排气孔时，进行排气，由于排气孔面积较大，所以震击活塞下降，撞击底座产生震击，待型砂震实后可停止。然后使压实缸的进气孔（在压实缸的底部，见图 1—54）进气，压实缸与底座一般做成一体，进气后压缩空气的压力使压实活塞（也就是震击气缸）带动的震击活塞和工作台同时上升，利用固定的压头将预填框内的型砂压入砂箱，而将型砂压实。

3. Z145A 型震压式造型机的操作

Z145A 型造型机采用了按工序操作、集中控制的方法，以保证工作依次顺利地进行。首先打开截止阀，使压缩空气进入分配阀和按压阀，使机器处于待工作停止位置，如图 1—55 所示。

具体操作过程如下：

（1）将模板安装在工作台上，放好砂箱，填满型砂，准备震击。

（2）按下按压阀，压缩空气由分配阀进入震击气缸，使其震动，震击结束后，将砂箱上部的型砂摊平。

（3）第二次按下按压阀，震实结束，分配阀与转臂缸接通，转臂转至工作位置。

（4）第三次按下按压阀，压缩空气进入压实气缸，使工作台上升，把辅助框内的型砂压入砂箱内。

（5）第四次按下按压阀，压实结束，工作台下降，同时压缩空气进入转臂缸，使转臂复位。

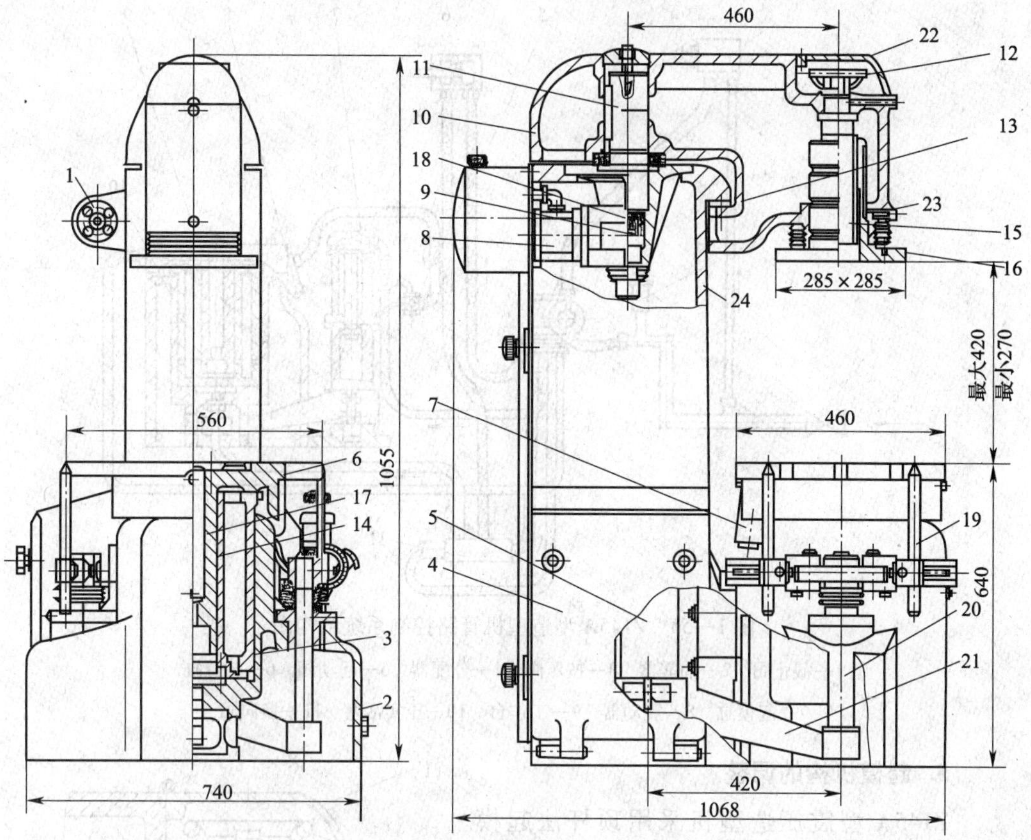

图 1—54　Z145A 型造型机的结构

1—按压阀　2—底座　3—压实活塞　4—气阀柜　5—起模液压缸　6—工作台　7—震动器　8—转臂缸　9—齿条　10—转臂梁　11—中心轴　12—手轮　13—楔形凸块　14—震击气缸　15—螺杆　16—压头　17—震击活塞　18—齿轮　19—起模顶杆　20—导向杆　21—起模架　22—外罩　23—固定螺钉　24—机身

（6）第五次按下按压阀，压缩空气经分配阀、起动阀进入震动器，同时进入起模缸，起模顶杆上升将砂箱顶起，实现震动起模。造型工序结束，可运出砂型。

（7）第六次按下按压阀，起模顶杆下降，各机构全部处于排气位置，机器恢复到初始状态。

4. 压板的调整

Z145A 型造型机的压板为转臂式的，转臂和机身都是箱形结构，转臂可以绕中心轴 11 旋转，如图 1—54 所示。为了适应不同高度的砂箱或模板，压板在转臂上的高度可以调整，如图 1—56 所示。调整方法是：松开导向及锁紧螺钉 4，打开防尘罩 1，转动调整手轮 2，调整手轮 2 带动调整螺杆 3，使压板上下移动，即可把压板调到所需的高度。

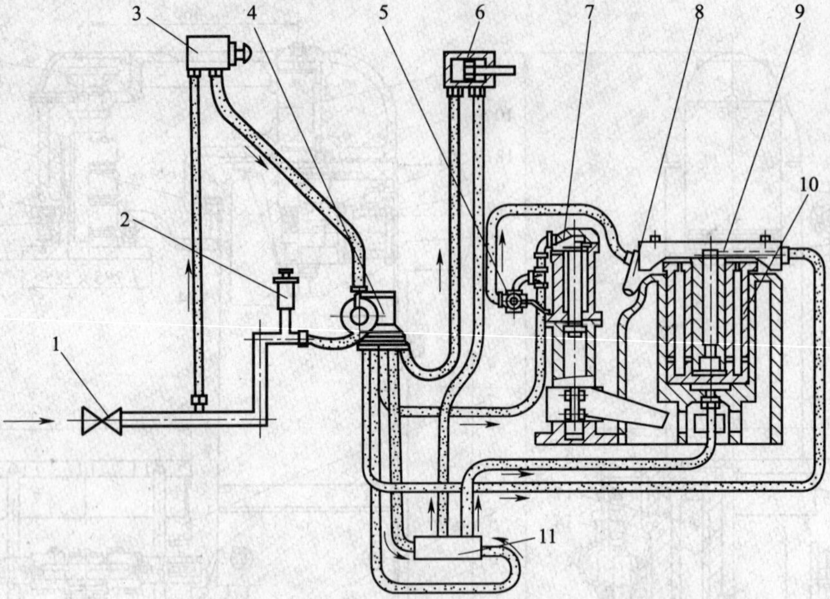

图 1—55　Z145A 型造型机管路控制系统结构图

1—截止阀　2—油雾器　3—按压阀　4—分配器　5—起动阀　6—转臂缸　7—起模缸　8—震动器　9—工作台　10—压实活塞　11—换向阀

5. 起模机构的调整

Z145A 型震压造型机采用顶杆法起模。如图 1—54 所示，在工作台的四个角上，有 4 根起模顶杆，起模顶杆的位置可以根据砂箱的大小进行调节，其范围如图 1—57 所示。调节方法是：松开螺钉 6，使顶杆支架 3 借助外支架 2 绕小轴 8 转动，从而调整 4 根起模顶杆间的距离。

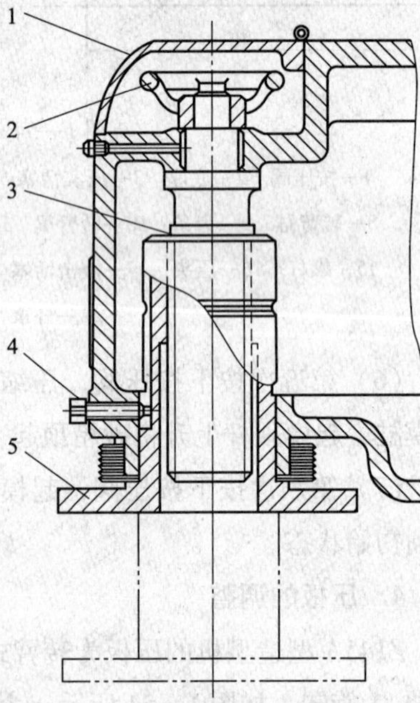

图 1—56　压板高度调整结构

1—防尘罩　2—调整手轮　3—调整螺杆　4—导向及锁紧螺钉　5—压板

6. Z145A 型造型机的维护与保养

（1）所用的压缩空气必须经过空气过滤器去除水分。

（2）压缩空气的管子必须彻底清除锈蚀和黏附的砂粒和灰尘。

（3）按机器润滑要求进行润滑。

（4）每天操作前应首先检查造型机的各主要工作机构是否正常。如震击机构有无异常，压实机构的压实活塞上升与下降时是否均匀、平稳，不得有发生撞击的可能。顶箱起模架上升和下降应平稳，不卡住，不歪斜。还要检查所有固定螺钉，不应松动。

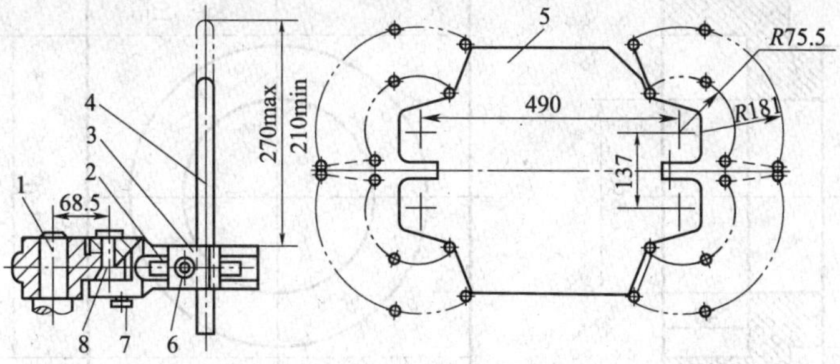

图 1—57　Z145A 型震压造型机起模顶杆的调整

1—起模导杆　2—外支架　3—顶杆支架　4—起模顶杆　5—工作台　6—螺钉　7—固定螺钉　8—小轴

（5）操作过程中应经常吹净造型机上各运转部分的型砂，工作结束时要清除机器上的砂粒和灰尘。

（6）操作人员必须首先熟悉机器的结构、性能和操作程序，并按国家和企业规定的设备维护保养要求，管好、用好设备。

技能要求 1

滑块铸件手工脱箱造型

一、工作准备

1. 滑块铸件图，如图 1—58 所示。
2. 手工造型用型砂、湿型黏土砂。
3. 已知：滑块铸件生产数量 5 件，手工造型。

二、工作程序

1. 识读滑块铸件图

已知滑块铸件是个小板类零件，外形尺寸 195 mm × 180 mm，有圆台 ϕ145 mm，内有圆孔 ϕ90 mm 和凹槽 180 mm × 150mm × 40 mm，外侧有一凸台。

2. 根据滑块铸件图识别、审查木模样

模样为一整体，外形和铸件相似，尺寸符合，外形下方有一活块，是铸件外侧的凸台。

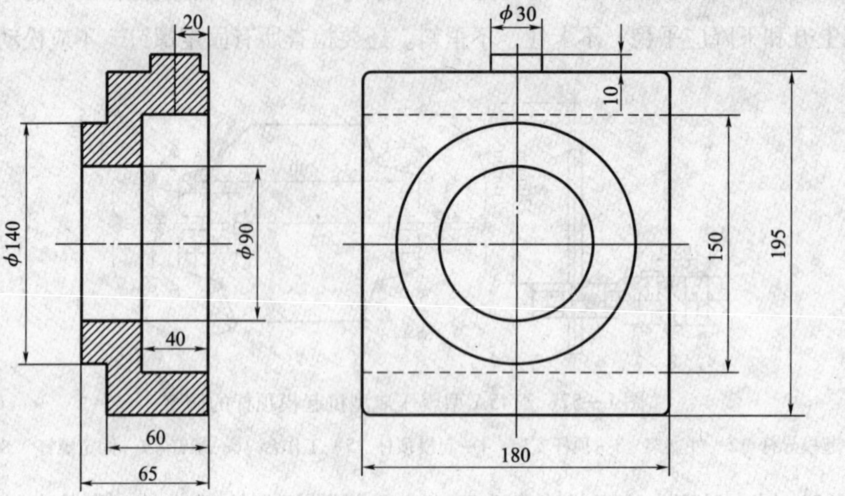

图1—58　滑块铸件

3. 选择砂箱

滑块铸件只生产5件，因此，选用手工造型木砂箱。它是整体模，模样外形200 mm×180 mm，因此一箱一件。砂箱内框：长＝200 mm＋10 mm＋30 mm＋30 mm＝270 mm，宽＝180 mm＋20 mm＋30 mm＋40 mm＝270 mm（其中30 mm和40 mm是砂箱吃砂量）。根据这种情况最后选300 mm×270 mm的手工木制脱箱造型用砂箱，如图1—24a所示。

4. 选造型底板

造型底板尺寸为400 mm×500 mm即可。

5. 分析整体模造型方法

由于整体模要造出外形和砂芯，必须把分型面放在ϕ140 mm的圆台下方和方块上方（见图1—58），所以模样应把ϕ140 mm的圆台放在造型底板上，这样造好下型后，翻箱，然后挖出分型面，所以这是带活块的挖砂造型。

6. 手工造型步骤

（1）将整体模ϕ140 mm的圆台放在造型底板中心位置上，但在有浇口的一边多留一些。

（2）放上下砂箱，有浇口的一边留出较大的吃砂量，如图1—59所示。

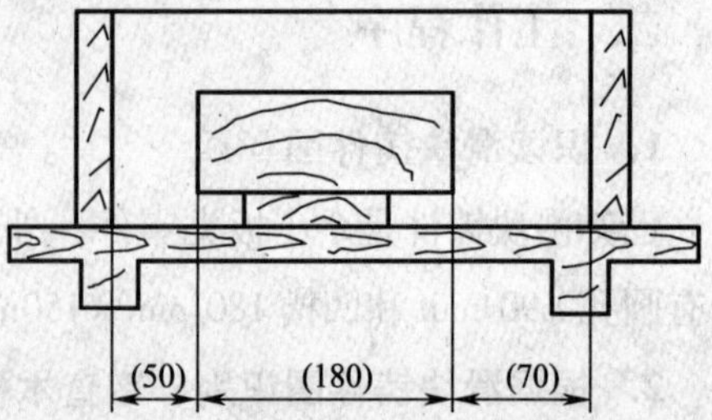

图1—59　下箱模样位置示意图

（3）用圆筛，筛面砂在整体模四周，

厚度为 20～30 mm。

（4）加背砂 30～50 mm，用手将活块周围的型砂压紧，然后取下活块的定位钉。

（5）用砂舂的扁头，舂模样四周，舂时用力要均匀，注意不要舂到模样上，舂好后再加砂 30～50 mm，再用扁头舂，直到砂箱的高度，再用砂舂平头舂紧整个砂箱。

（6）用刮砂板刮去多余的砂子。

（7）翻转砂箱。

（8）修整分型面，若模样四周的型砂较松散，可撒点面砂，然后用刮刀压平。

（9）用刮刀挖出分型面，如图 1—60 所示。

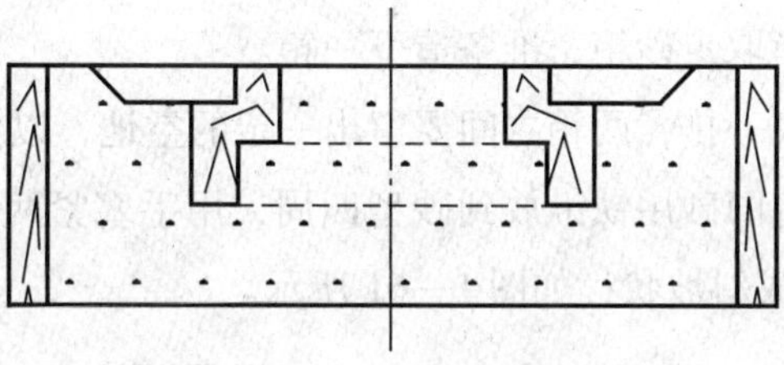

图 1—60　挖出分型面示意图

（10）在模样四周和砂芯砂面上撒上分型砂（即细干砂），在木模上撒上脱模剂如滑石粉等。

（11）放上上箱，用筛子筛面砂厚 20 mm。

（12）放上直浇口棒，注意放到平整分型面上，离开模样约 20 mm。

（13）加背砂，舂上箱，仍先用扁头，再用平头。上箱可舂得比下箱软些，以利于排气。

（14）舂平后，先拔出直浇口棒，拔出时可旋转直浇口棒并摇动，使直浇口上部加大成漏斗状。

（15）用刮砂板刮去多余的砂子。用气孔针扎出气孔，在中心砂芯处可扎较大的孔。

（16）在砂箱相对两侧分型面处打泥号。

（17）开箱，将上箱侧立放好。

（18）分型面一般不要修整，如有损坏则要补上型砂，并在中心砂芯处插入竹签或钉子。

（19）用水笔在模样四周和中心砂芯周边处刷水，注意不要太多。

（20）将起模钉旋入木模。

（21）用木锤敲打起模钉，使木模松动，然后取出模样，起模时要平稳，垂直向上。

（22）用带钩的铁丝取出活块。

（23）用浇口铁片开出内浇口。

（24）检查型腔，如有损坏则要修整补上型砂。

（25）在上箱有浇口的一边挖出横浇道，横浇道截面形状是高梯形。

（26）再次检查型腔，吹去浮砂。

（27）合箱，上下箱按先前打好的泥号对正，不要错箱。

（28）上下箱一起搬到用型砂铺好的地面上，放稳，放平。

（29）在浇口处盖上硬纸片。

（30）脱箱，开箱取走砂箱，准备造下一箱。

（31）造五箱平放一排，两箱之间要留出一定的空地，以便放砂。

（32）埋箱，即将旧砂用铁锹放到砂型四周，用手塞紧两箱之间的型砂，其他砂型四周用平锤紧实成斜坡状，如图 1—61 所示。

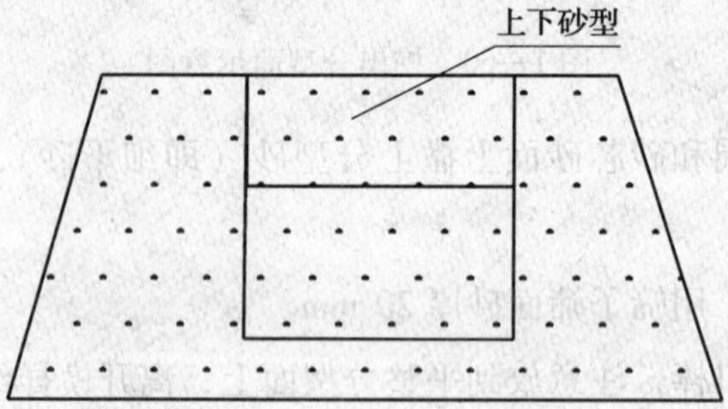

图 1—61　埋箱示意图

技能要求 2

滑块铸件机器造型

一、工作准备

1. 滑块铸件如图 1—58 所示。
2. 滑块铸件上模板和下模板分别如图 1—15 和图 1—16 所示。
3. 已知滑块铸件生产 300 件，采用 Z145A 型震压造型机。
4. 机器造型用单一砂。

5. Z145A 型震压造型机所用的 300 mm × 270 mm 砂箱等。

二、工作顺序

1. 读铸件图，可知滑块是一个小板类零件，外形尺寸 195 mm × 180 mm，外形有一 ϕ140 mm 圆台，内有 150 mm 滑槽和 ϕ90mm 圆孔，外侧有一 ϕ30 mm 凸台，没有孔。

2. 根据铸件图识别审查上下模板，下模板主要形成滑块下部滑槽。为了取模方便，已将铸件上的 ϕ30 mm 小凸台结构更改，不影响使用，并取得设计方同意。上模板主要形成外圆台和 ϕ90 mm 内孔砂芯，砂芯高度 25.5 mm，基本符合自带砂芯要求。

3. 选择砂箱，滑块生产数量 300 件，属小批量生产，模板尺寸 350 mm × 320 mm，选砂箱内尺寸 300 mm × 270 mm × 100 mm，铸铁砂箱定位销中心距约 420 mm，定位销直径 ϕ15 mm 或 ϕ20 mm。一箱一件。

4. 清理造型机工作台面，检查造型机震击等动作是否有异常。

5. 将上下模板分别固定在两台造型机工作台上，可以两人同时造上下砂型，并调整起模顶杆位置。

6. 将下砂箱放在下模板上，用模板上的定位销固定砂箱位置。

7. 打开造型机总阀门，使机器处于等待工作状态。

8. 打开砂箱上砂斗内的闸门，放砂于砂箱内，快满时关闸门。

9. 按下造型机按压阀门，使工作台震动 10 ~ 20 次，砂型基本紧实，震击过程中，双手可将砂箱上的型砂摊平，震击结束后，若有砂箱辅助框，将辅助框放在砂箱上，再加型砂摊平。

10. 按下按压阀，使压头转到工作位置。

11. 再次按下按压阀，使工作台上升，把砂箱辅助框内的型砂压入砂箱内，压实砂型。

12. 再次按下按压阀，工作台下降回落，同时压头复位。

13. 再次按下按压阀，震动器震动，同时起模顶杆上升，将砂箱顶起，实现震动起模。这时造型工序结束，可搬走砂型，到合箱场地。合箱场地应事先铺一层背砂，摊平，将下箱放上，左右转动一下砂箱，使砂型平稳、放正。将上箱侧立其边，等待合箱。

14. 最后再按一下按压阀，使起模顶杆下降，并使机器处于待工作状态，准备造下一箱。

学习单元2　制芯

学习目标

➢掌握砂芯的主要功用和组成

➢能根据零件芯盒形状选择合适的制芯方法

➢能进行手工制芯

知识要求

一、手工制芯

1. 砂芯的功用和组成

（1）砂芯的主要功用

1）砂芯主要用来形成铸件的内腔和孔洞。

2）有时为了简化分型面，方便造型和起模，也用砂芯形成铸件的外形，如图1—62所示。

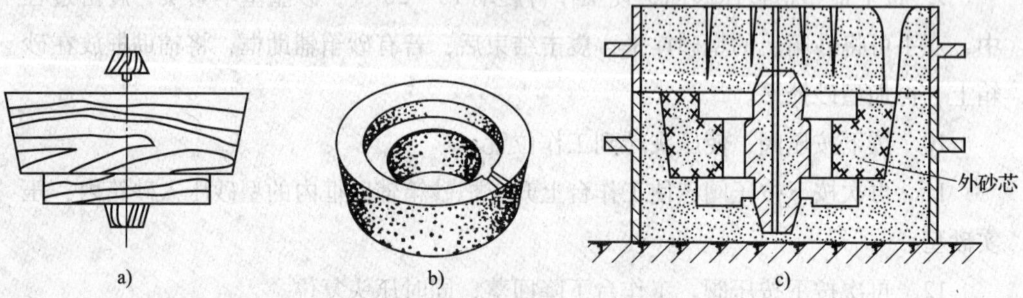

图1—62　用外砂芯使三箱造型变成两箱造型

a）模型　b）外砂芯　c）合箱图

3）砂芯还可以用来加强局部砂型的强度，浇注高大铸件时，因为直浇道太高，金属液往往会将直浇道底部或型腔薄弱地方冲坏，在这些地方可以用砂芯增加强度。

（2）砂芯的组成

砂芯一般由砂芯的主体和砂芯的芯头组成。砂芯的主体用于形成铸件的内腔和孔洞，芯头主要是用来定位、支撑和安装砂芯。

1）砂芯的主体大部分面积处于液态金属包围中，工作条件较差，因此，除对芯砂要求有好的耐火度、透气性、强度和容让性外，为便于固定、通气和装配，在砂芯制造时还要增加一些特殊装置，如芯骨。对于小砂芯，芯骨可以用铁丝做成，对于较大的砂芯，芯骨可以用圆钢焊接而成，或用铸铁做成随芯形状，如图 1—63 所示。芯骨不仅增加了砂芯的强度和刚度，而且可在芯骨上做出吊环，以便吊运、安放。

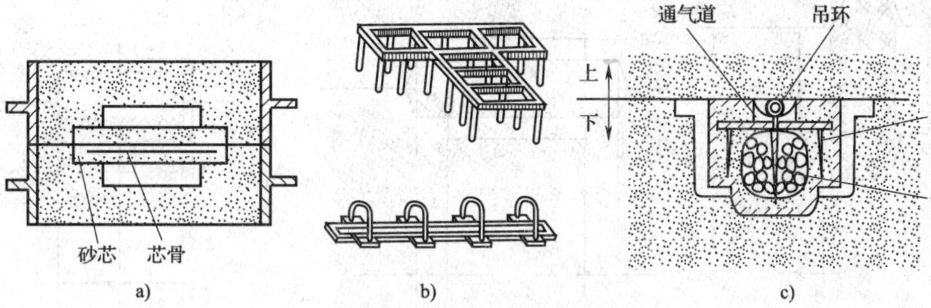

图 1—63　几种芯骨形状简图

a）铁丝芯骨　b）圆钢焊接芯骨　c）带吊环的芯骨

除此之外，为顺利排出砂芯中的气体，制造时要在砂芯上开出通气道。通气道要与砂型的出气孔连通。对大型砂芯内部常填以焦炭，以便排气。常用的几种通气道开出方式如图 1—64 所示。

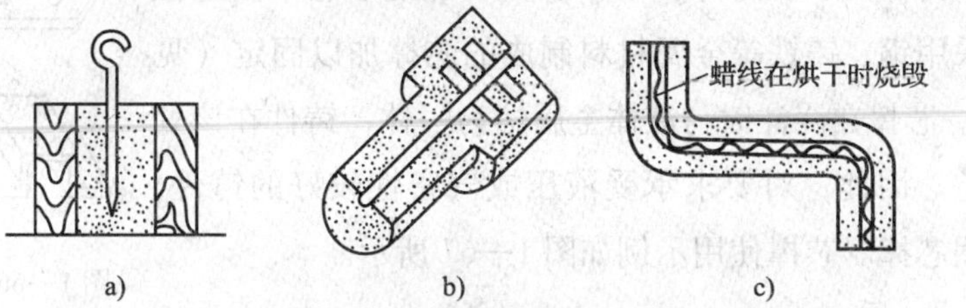

图 1—64　砂芯通气道的开设

a）通气针扎气孔　b）挖通气沟　c）埋蜡线（或埋通气绳）

为了提高砂芯的耐火度，防止黏砂和降低铸件的表面粗糙度。常在砂芯主体表面刷涂料，铸铁件常用石墨粉、黏土和水按一定比例混制成涂料，涂料一般在砂芯烘干之前涂刷。砂芯一般都需烘干，目的是为了减少砂芯的水分，提高砂芯的强度和透气性。黏土砂芯烘干温度为 250～350℃，油砂芯为 180～240℃。

2）砂芯的芯头是砂芯的重要部分，它决定了砂芯在砂型中的位置，也就是决定了铸件内腔和孔洞的位置，因此，砂芯的芯头应定位准确。同时砂芯的芯头还是支撑砂芯的主要部分，它应能支撑砂芯的全部重量，同时能承受铁液对砂芯造成的浮力，而不破坏砂芯和砂型。

芯头可分为垂直式、水平式和特殊式（如悬臂芯、吊芯等）几种，如图1—65所示。

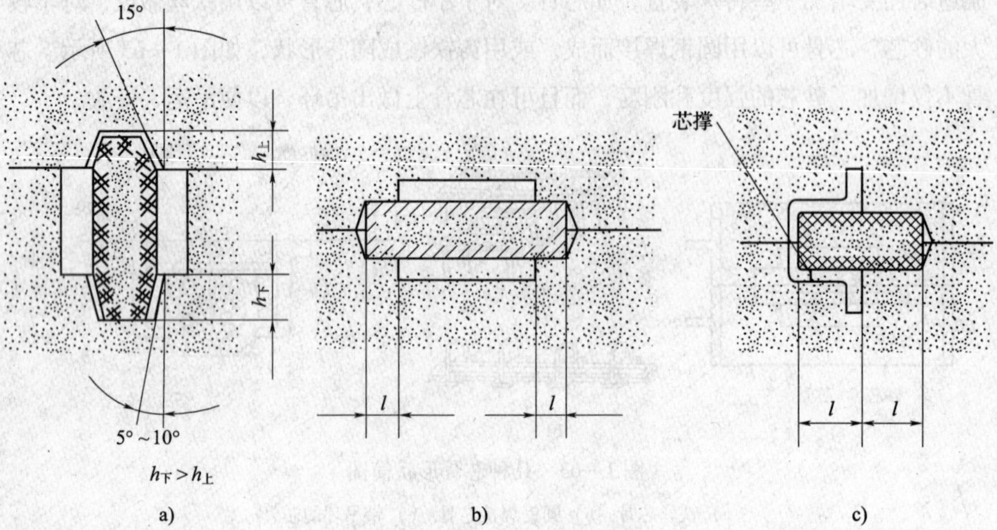

图1—65　砂芯芯头的主要形式

a）垂直式　b）水平式　c）特殊式（悬臂芯）

其中垂直式和水平式芯头的定位方式，方便可靠，应用最多。如果铸件的形状特殊，单靠芯头不能使砂芯牢固定位时，可以采用钢、铸铁等金属材料制成的芯撑加以固定（见图1—66）。芯撑在浇注时与液体金属熔为一体，铸件在该处致密度较差。因此，对要求承受液压或气密性较好的铸件，则不能使用芯撑。芯撑使用示例如图1—67所示。

图1—66　砂芯芯撑

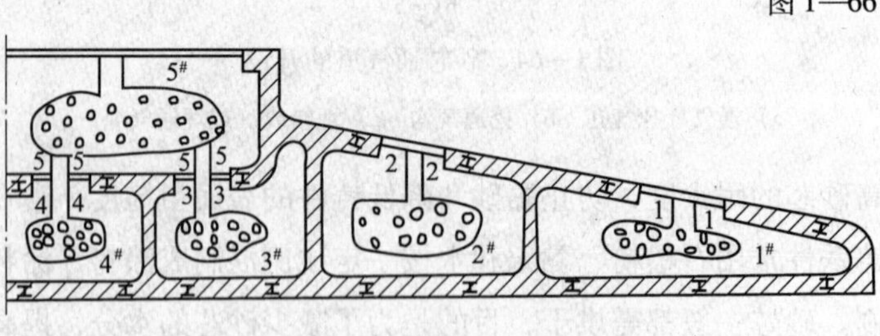

图1—67　用芯撑固定砂芯示例

2. 自带砂芯

芯砂原材料要求高，而且芯盒工艺装备比较复杂，制芯劳动量比较大，因此，应尽可能少用砂芯，对于铸件上高度比较矮而直径（或宽度）又比较大的内腔或孔，应采用自带砂芯，即由砂型上的凸砂来形成。自带砂芯的高度（H）与宽度（D）之比不可太大，否则拔模时容易损坏。

3. 手工芯盒制芯方法

砂芯一般是用芯盒制成的，芯盒的空腔形状和铸件的内腔相适应。根据芯盒的结构，制芯方法可以分为下列三种。

（1）整体式芯盒制芯

整体式芯盒制芯用于形状简单的中小型砂芯，如图 1—68 所示。

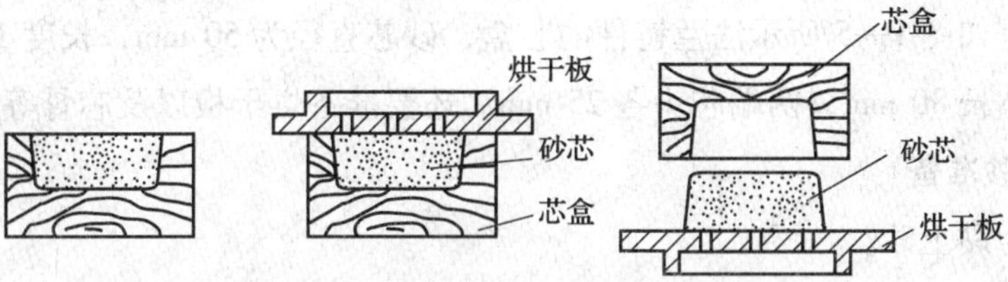

图 1—68　整体式芯盒制芯

（2）对开式芯盒制芯

对开式芯盒制芯适用于圆形等截面的较复杂砂芯，如图 1—69 所示。

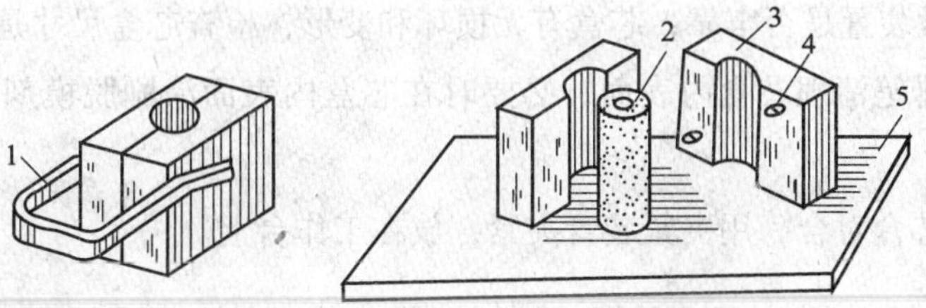

图 1—69　对开式芯盒制芯

1—夹钳　2—砂芯　3—芯盒　4—定位销　5—烘干板

（3）滑脱式可拆芯盒制芯

对于形状复杂的中大型砂芯，当用整体式芯盒无法取芯时，可将芯盒分成几块，然后装入滑脱盒内，造好砂芯后首先取下滑脱盒，然后分别拆去活块，取出砂芯，如图 1—70 所示。

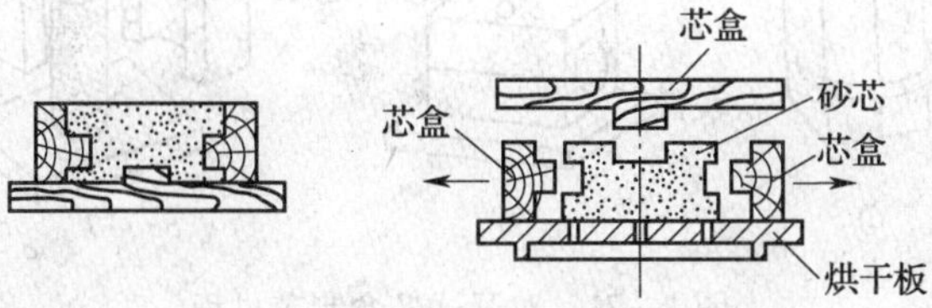

图 1—70　滑脱式可拆芯盒制芯

技能要求

对开式芯盒制芯

一、工作准备

1. 芯盒准备

芯盒是如图1—5所示法兰铸件的芯盒，砂芯直径为50 mm，长度130 mm，其中砂芯主体长80 mm，两端芯头各25 mm。还要准备烘干板以及芯骨等。

2. 芯砂准备

芯砂为黏土砂。

二、工作程序

1. 制芯准备

（1）检查两半芯盒定位销的配合是否良好，不可过松，也不可过紧。检查两半芯盒的夹紧装置是否牢靠，芯盒有无损坏和变形，检查芯盒尺寸是否正确。

（2）用排笔清理芯盒内表面，必要时在芯盒内表面涂刷脱模剂，如图1—71a所示。

（3）把芯盒对合，用夹紧装置夹紧，放在工作台上。

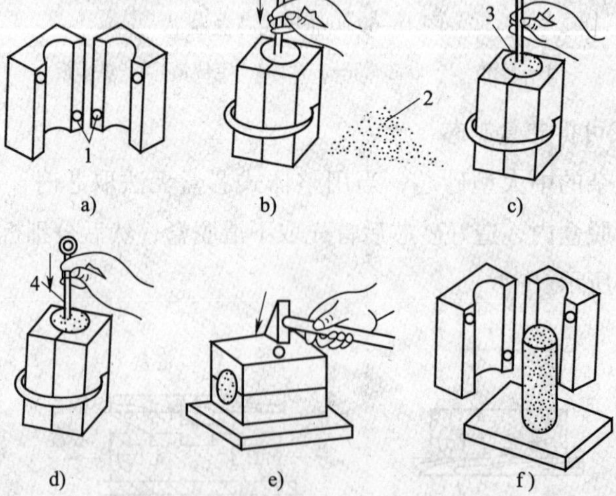

图1—71　对开式芯盒制芯过程

1—定位装置　2—芯砂　3—芯骨　4—通气针

2. 手工制芯

（1）进行填砂和舂实，如图 1—71b 所示。

（2）舂紧 70 ~ 80 mm 厚，把芯骨用泥或清水浸过后敲入（芯骨长度比砂芯短 10 ~ 20 mm），芯骨两端要留出 5 ~ 10 mm 的吃砂量，继续舂砂至满，如图 1—71c 所示。

（3）刮平上端面，用气眼针沿砂芯的中心部位扎出通气孔，如图 1—71d 所示。

（4）打开芯盒上的夹紧装置，放平芯盒，轻轻敲动，使芯盒与砂芯间产生间隙，如图 1—71e 所示。

（5）取下一半芯盒，如图 1—71f 所示，用手托住砂芯再取走另一半芯盒，把砂芯放在烘干板上。

（6）检查砂芯紧实度是否均匀，气孔是否贯通。通气孔不得倾斜，更不能露出砂芯工作表面。

也可采用砂托来支撑砂芯。砂托的制造方法是先做一个和芯盒大小相当的木砂框，取下一半芯盒后，把砂框放在另一半芯盒上，填入砂子，稍微紧实、刮平，把烘干板放上，将木框、芯盒连同烘干板一同翻转 180°，砂芯便留在砂托上，然后取下另一半芯盒和木砂框（见图 1—72）。这种方法每次都要做一个砂托，费事费时，所以也只适用于单件、小批量生产。较大批量时，可设计专用成型烘干器来支撑砂芯，如图 1—73 所示。

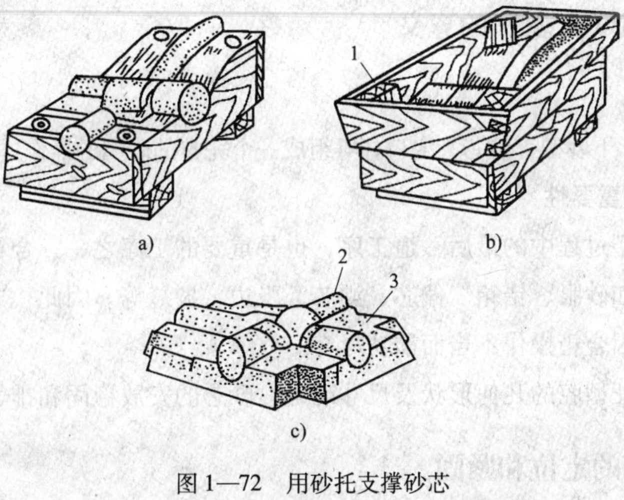

图 1—72　用砂托支撑砂芯

a）制好的砂芯　b）放木框填砂　c）砂芯翻转在砂托上

1—木框　2—砂芯　3—砂托

烘干器有定位装置，能与芯盒对准，制芯时，舂好砂后取下上半个芯盒，修整后刷上涂料，放上成型烘干器（见图1—73）。把烘干器板与芯盒一同翻转180°，砂芯即落在烘干器上。

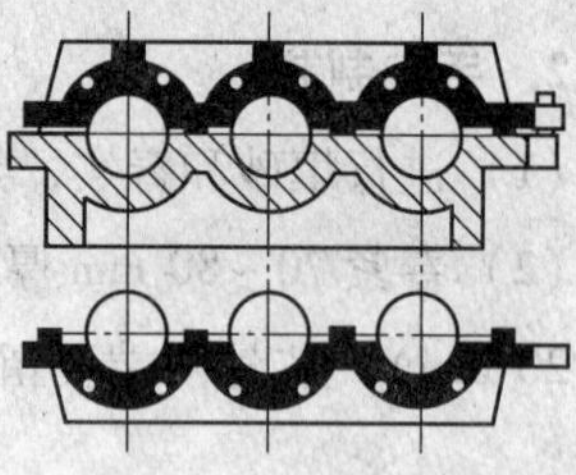

图1—73　成型烘干器支撑砂芯

学习单元3　合箱

学习目标

➢了解合箱正确的重要性

➢掌握上下箱合箱的简单定位方法

➢掌握上下箱合箱的紧固方法

➢掌握合箱操作的方法和顺序

知识要求

一、合箱（合型）的意义

1. 合箱

将上砂型、下砂型、砂芯、浇口杯等组成一个完整的砂型的操作过程，称为合箱。

2. 合箱的重要性

合箱是造型过程中的最后一道工序，也是重要的工序之一。合箱不当会产生很多铸造缺陷，如砂眼、错箱、偏芯、漂芯、飞边、披缝等。因此，这道工序操作也要细心，不能因合箱操作不当而前功尽弃。

合箱应保证型腔的几何形状及尺寸准确、砂芯的安放稳固和排气通道畅通。

二、砂箱的定位和紧固

1. 砂箱定位的重要性

砂箱的定位是指上下砂箱合箱时，如何保证对位正确，如果对位不正确，将发生错箱、偏芯等铸造缺陷。因此，要保证上下砂箱的合箱正确。

2. 砂箱定位的简单方法

砂箱的定位方法很多，在单件小批生产中，铸铁砂箱若没有定位装置，可用打泥号的方法，即造好上下箱后，先不要开箱，在砂箱对角处的砂堆上，用水笔打上水，和成泥状，然后把砂箱对角处的上下砂箱沿分箱面刷上水，再用刮刀将泥砂抹在上下砂箱上，并抹平，再在分箱面上拉开小口，然后用刮刀在泥砂上划出两道或三道垂直线后即可开箱，合箱时上下砂箱按垂直线定位合上。这种方法费事费时，而且精度差，因此，只适用于单件小批生产的手工造型。

当用木质脱箱造型时，木质箱上常用销榫定位。造型前应检查销榫的配合情况是否良好。这种方法精度也较差，只适用于单件小批生产的手工造型。

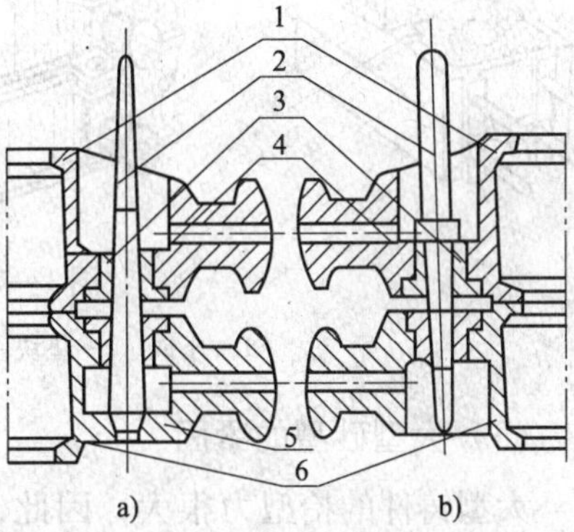

图 1—74　座销和插销定位

a）座销　b）插销

1—上砂箱　2—定位销　3—销套

4—定位箱耳　5—附加箱耳　6—下砂箱

成批大量生产中，常用定位销定位。定位销的种类也很多，常用的方法有座销和插销（见图 1—74）。座销定位用于下砂箱较高的场合，合箱时先把座销插在下箱的销套内，然后将上箱按座销的位置进行合箱，最后从上箱中拔出座销。插销定位时首先把插销插入上箱的销孔中，然后将上箱连同插销一起抬起，将插销插入下箱的销孔内进行合箱。

在机器造型流水线生产中，常将定位销固定在上箱上，在合箱工位，合箱机把上箱定位销插入下箱的销孔内合箱。这样保证在砂型运送过程中不会错开和移位。

3. 砂箱的紧固

金属液浇入型腔后，会产生很大的抬型力，因此，砂型合型后必须进行紧固后才能浇注。紧固的方法应根据砂型的大小、砂箱结构和造型方法来决定。

（1）小型砂型的紧固

由于小型铸件浇注时的抬型力不大，因此，可用压铁紧固。用压铁紧固砂型时应注意以下几点：

1）压铁重力应大于抬型力（一般压铁质量为浇入铁液质量的 3 ~ 5 倍）。

2）安放压铁时要小心轻放，且要压放在箱带或箱边上，若无箱带或砂箱，应压放在砂型上，不要压放在型腔上，位置最好对称均衡。

3）安放压铁时不能堵住出气孔，也不能妨碍浇注操作。

（2）中型砂型的紧固

中型砂型的抬型力较大，常用卡子或螺栓紧固（见图1—75）。紧固时应注意：紧固螺栓时最好在对称方向同时进行，以免上型倾斜，紧固时要用力均匀。

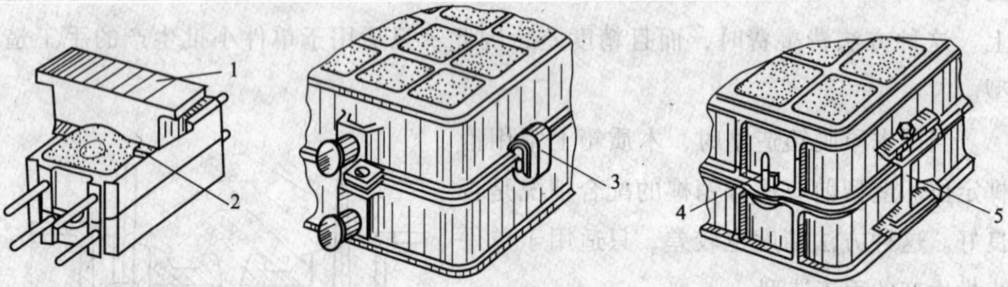

图1—75 中型砂型的紧固

1—压铁 2—垫块 3—楔形卡子 4—楔片 5—螺杆

（3）大型砂型的紧固

大型铸件的抬型力很大，因此，常用大型螺杆与压梁来紧固。注意压梁应放平，放在箱带或箱边上，若大型铸件浇注高度太高，为了安全可将上下砂箱放在地坑中浇注。

三、合箱

1. 合箱前的检查

合箱前应对上下砂型和所有的砂芯进行检查。检查的内容包括几何形状和尺寸是否正确，是否有损坏的地方要进行修补，型腔内和砂芯表面的浮砂和脏物是否清除干净，各出气孔是否畅通，浇注系统各部分是否正确等。

2. 检查后的处理

检查后首先进行修补，修补后还需进行检查，若是干型或干芯，修补完要进行烘干。把修补后散落的型砂清理干净，再次检查，直到完全符合要求为止。

3. 合箱的顺序

处理后即可开始合箱，顺序是先按砂芯的芯号下芯（一般砂芯的芯号是按下芯的先后排列的，这样操作比较方便），每下完一个砂芯，除了检查砂芯是否稳固外，还要检查出气孔是否畅通，砂型的壁厚尺寸是否正确等。下完砂芯后再清理一次浮砂和脏物。对于干型，为防止跑火可沿分型面四周压上泥条或石棉绳。然后即可合上箱，合箱时若是人工合箱，上箱要端平，按定位销或合箱线准确合型。若是用吊车合型，上砂型要吊平并垂直下落；按原有的定位方式准确合型。若有浇口杯，放好并用硬纸板或铁片盖好，以防杂物落入。把所有通气孔做出标记，以便浇注时点火引气。

第 2 章 特种铸造

第 1 节　熔　模　铸　造

学习单元 1　熔模制作

学习目标

➢了解模料的基本知识

➢掌握模料混制方法

➢掌握模料压制方法

知识要求

一、熔模基本知识

熔模铸造又称失蜡铸造，它的产品精密、复杂、接近于零件最后形状，是实现不加工或少加工的铸造方法，故熔模铸造几乎应用于所有工业部门，特别是航空航天、造船、汽轮机和燃气轮机等行业。

熔模铸造是用可熔（溶）性一次模和一次型（芯）使铸件成型的铸造方法。

现代熔模铸造的工艺流程一般为：熔模制作（包括压制蜡模、修模、组合模组），制壳（包括上涂料、撒砂、干燥、硬化），脱蜡，壳型焙烧，浇注金属液，清理等工序。

1. 模料的基本要求

模料（蜡料）是制造熔模的材料。从熔模铸造的工艺考虑，模料应满足下列要求：

（1）熔点适中，在 50～100℃的温度范围内。软化点不低于 40℃。

（2）收缩率小而稳定。一般应小于 1.2%，以使熔模尺寸更接近于压型型腔尺寸，减少冷却时的扭曲变形，防止熔失熔模时型壳被胀裂，保证铸件的尺寸稳定。

（3）具有良好的流动性，能清晰地复制出型腔的表面，以得到形状准确和表面光洁的熔模，并有利于熔失熔模时从型壳中顺利流出，防止型壳胀裂。

（4）密度小，使熔模或模组的质量轻，操作方便，便于回收。

（5）凝固时间短，使制模生产率高。凝固温度区间以 5～10℃为宜。

（6）具有良好的焊接性和焊接强度。

（7）具有良好的化学稳定性，不与压型材料及涂料黏结剂起化学作用，并且对涂料应有良好的涂挂性。

（8）具有一定的强度和塑性。用于小件的模料其抗拉强度应大于 1.4 MPa，用于中大件的模料应大于 2.5 MPa。

（9）灰分含量少。使熔失熔模及焙烧后基本没有残余物遗留在型壳内，从而保证铸件的质量。一般灰分含量应小于 0.05%（质量分数）。

（10）制取方法简便，能多次反复使用，长期存放时性能稳定，不变质。

（11）价格低廉，无毒无污染。

2. 模料的种类

模料种类很多，广泛应用的主要有蜡基和松香基模料，其类型和特点见表 2—1。

表 2—1　　模料的类型和特点

类型	特　点	应用范围
低温模料	以各种矿物蜡和动植物蜡为主体的模料，熔点低于 70℃，强度较低，热稳定性差，收缩率大，易熔模尺寸、形状随室温变化较大，表面粗糙度较差。但生产工艺简单，模料回收率高，可重复使用，成本较低。一般以膏状压制，可用热水脱蜡	适用于小件和尺寸精度、表面粗糙度要求不高的普通精铸件

续表

类型	特　点	应用范围
中温模料	主要是松香—蜡基模料和填充模料，熔点为70～100℃，强度较高，热稳定性较好，收缩率较小，尺寸稳定性较高，用液态压制的易熔模表面粗糙度好，复制性能好。能回用，配制生产工艺较复杂，成本较高。可用水、蒸汽或微波脱蜡	适用于制造要求较高，特别是带有陶瓷型芯的复杂中小精铸件
高温模料	主要是松香—塑料基、塑料和盐基模料，熔点大于100℃。该模料强度高、热稳定性好、收缩率小，但生产工艺复杂，不能回用。一般用闪烧法、水或有机溶剂脱除。成本高	适于制造精度较高的中大型精铸件

二、模料（蜡料）混制与回收

1. 模料（蜡料）混制

（1）低温模料

常用的是以石蜡—硬脂酸为基的模料。为改善其性能，可在该模料中适当添加其他组元，例如地蜡、蜂蜡、褐煤蜡、聚乙烯、低分子聚乙烯、乙烯—乙酸乙烯酯共聚物、松香和乙基纤维素等。也可以石蜡为基添加其他组元。

（2）中温模料

常用的是以松香—蜡基为主的模料。为改善其性能，可在该模料中适当添加其他组元，例如乙烯—乙酸乙烯酯共聚物、聚乙烯、地蜡、川蜡、褐煤蜡等。有些组元，例如地蜡，还有助熔作用，能使模料成分相互熔合。也可在该模料中掺入固体细粒或粉末成为填充模料。

（3）高温模料

目前国内使用的高温模料主要是塑料模料、尿素模料。高温模料只在特殊要求时使用。

2. 模料（蜡料）回收

（1）低温模料的回收

该模料以石蜡—硬脂酸为代表，其回收过程主要是去除使用过程中产生的皂化物。常用酸处理法、电解法和活性白土处理法处理，酸处理法效果明显且方法简单，故应用最为普遍。电解法效果虽然好，但需专门设备。活性白土处理法所得到的回收蜡残留的白土不易除净，故目前应用较少。

酸处理法的基本原理是在回收模料中加入硫酸、盐酸等强酸，令脂肪酸盐（皂化物）还原为脂肪酸，即：

$$C_{17}H_{35}COOMe + HCl \longrightarrow C_{17}H_{35}COOH + MeCl$$

式中，Me 代表某种金属离子。生成的盐大多属水溶性盐，处理时加适量水即可与模料分离。

（2）中温模料的回收

该模料回收的任务是去除脱蜡时混杂在模料中的水分、粉末和砂粒。由于松香基模料黏度较大，分离这些杂物需要较长时间和较高温度。比较成熟的回收流程为：静置脱水—搅拌蒸发脱水—静置去污。

三、熔模压制方法

1. 压蜡机的使用常识

目前各企业使用的压蜡机不尽相同，但基本由储蜡罐、保温装置、压力装置、注蜡装置四个部分组成。按照使用模料的不同，可分为低温压蜡机和中、高温压蜡机。

低温压蜡机如图 2—1、图 2—2 所示，一般为储蜡罐置于热水中，通过控制水温来达到控制压蜡的温度。储蜡罐充入压缩空气，通过调节压缩空气压力来调整射蜡的压力。注蜡一般为手动射蜡，注蜡枪及与储蜡罐连接管路均用循环水保温，以保证注蜡通道的畅通。注蜡枪分为固定式和移动式两种，一般多为移动式，这种方式操作较灵活。还有一种简单的压蜡机，为柱塞式注蜡枪辅以机械加压射蜡，但生产效率低，尺寸精度差。

图 2—1　低温水浴式压蜡机

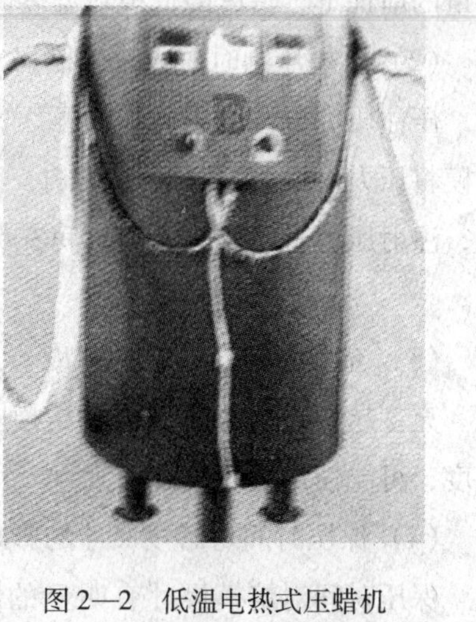

图 2—2　低温电热式压蜡机

中、高温压蜡机一般采用活塞式注射，注射压力大，成型精度高。注蜡枪多为固定式。

为提高效率，压蜡机一般采用双工位，如图 2—3 所示。

图 2—3　双工位液压压蜡机

2. 熔模压制工艺要点

影响熔模质量的主要工艺参数有压注时的模料温度（压射蜡温）、压注压力、充型时间或充型速度、保压时间、起模时间，以及压型温度。

（1）熔模压制时模料温度（压射蜡温）对熔模尺寸的影响

两种不同类型模料（蜡基和树脂基）熔模压制时模料温度对熔模尺寸均有明显影响，在压射温度范围（膏状和糊状）影响更大。相较树脂基模料，蜡基模料影响更为严重。随着模料温度增高，熔模线收缩率也增加，因此，在保证熔模表面质量的前提下，适度降低模料温度对提高熔模尺寸精度是有好处的。

（2）熔模压制时压力对熔模尺寸的影响

压注压力分注射压力和保压压力，两种不同类型模料（蜡基和树脂基）压注时模料压力对熔模尺寸均有影响，而这种影响在压力较小时（小于 1 MPa）较显著，注射压力直接影响充型时间，保压压力越高则熔模线收缩率越小，尺寸精度越高。

（3）充型时间（即充型速度）对熔模尺寸的影响

充型越快（充型时间短）熔模收缩率越大，增大注射压力就一定会加快充型速度，可能使熔模收缩率增大。

（4）保压时间对熔模尺寸的影响

保压时间对熔模尺寸有明显的影响，熔模越厚，影响越大，在一定时间范围内，随着保压时间延长则熔模线收缩率逐渐减小。

（5）起模时间对熔模尺寸的影响

起模时间越长，熔模收缩率越小，但超过一定时间后这种效果就不明显了。

（6）压型温度对熔模尺寸的影响

压型温度越高，熔模收缩率越大。

熔模压制的主要工艺参数见表 2—2。

表 2—2　　熔模压制的主要工艺参数

类型	环境温度（℃）	压注温度（℃）	压型温度（℃）	压注压力（MPa）	保压时间（s）	蜡模冷却水温（℃）
蜡基糊状模料	15～25	40～50	20～25	0.1～0.4	0.3～3	18～26
松香基糊状模料	18～30	70～85	20～25	0.3～1.5	0.5～3	18～26
松香基液态模料	18～30	70～80	20～30	0.3～6.0	1～3	18～26
尿素干粉充填模料	18～30	85～90	20～30	0.2～1.25	≈1	—

3. 厚大熔模压制工艺的特殊性

水玻璃型壳工艺经常会遇到厚大件，这给熔模压制带来了很大困难，特别是出现熔模厚实部位塌陷或鼓胀、内部冷却不足、形状不稳定等现象时，可采取以下措施来解决：

（1）改变熔模结构，将熔模制成空心结构，也可分成几片熔模再组合成一个完整空心熔模，这样同时也解决了脱蜡胀壳问题。

（2）降低压型温度及模料温度，延长保压时间及起模时间，适当增大糊状模料含气量，最大限度地降低熔模收缩率。

（3）在起模前，用细铁丝等工具通过注蜡口插到熔模最厚实部位，反复几次，将熔模厚实部位与大气连通，防止起模后熔模变形。

技能要求 1

石蜡—硬脂酸糊状模料混制

一、工作准备

1. 设备准备

电热（蒸汽）水浴式不锈钢或铝制坩埚。

2. 模料配比准备（见表2—3）

表2—3　　石蜡—硬脂酸模料的配比

模料	石蜡	硬脂酸	备注
石蜡—硬脂酸模料	50%	50%	—

二、工作程序

1. 按比例称取石蜡及硬脂酸。

2. 将石蜡、硬脂酸放入干净的电热（蒸汽）水浴式不锈钢或在铝制坩埚内通电（通蒸汽）熔化，熔化温度不超过90℃。

3. 待模料全部熔化后，搅拌均匀。

4. 用11号（270目）筛过滤去除模料中的杂质。

5. 将过滤后的模料加入固体模料片或碎末，搅拌成均匀的糊状（模料温度保持在48~52℃）待用。

三、注意事项

1. 为防止模料产生碳化，模料熔化加热温度一定要控制在90℃以下。

2. 加热用坩埚必须选用不锈钢或铝制坩埚，且不得破损。

3. 配制好的糊状模料存放时间不宜太长，最好在4 h内用完。

技能要求2

松香—蜡基模料的混制

一、工作准备

1. 设备准备

电热油浴式不锈钢坩埚。

2. 模料配比准备（见表2—4）

表2—4　　松香—蜡基模料的配比

模料	松香	改性松香	地蜡	聚乙烯	川蜡
松香—蜡基模料	30%	27%	5%	3%	35%

二、工作程序

1. 按比例称取松香、川蜡、地蜡和聚乙烯等。

2. 将称取的川蜡和地蜡的一半放入不锈钢坩埚内通电熔化。

3. 当川蜡、地蜡化清后，慢慢加入聚乙烯并仔细搅拌，使聚乙烯全部溶解并混合均匀后，加入松香，搅拌至全部熔化，最后加入剩余的川蜡和地蜡，搅拌混合均匀。熔化温度不得超过 200℃。

4. 将熔化的模料冷却至 180℃，用 11 号（270 目）筛过滤去除杂质。

5. 最后将模料浇成料锭或搅拌成糊状，或自然冷却成膏状后使用。

三、注意事项

1. 为防止模料产生碳化，模料熔化加热温度一定要控制在 200℃以下。

2. 加热用坩埚必须选用不锈钢，且不得破损。

3. 配制好的模料视压蜡机种类不同可装入小蜡缸放入保温箱或装入储蜡机慢速均匀搅拌，恒温保持 52 ~ 60℃待用。

技能要求 3

石蜡—硬脂酸模料的回收处理（酸回收处理法）

一、工作准备

1. 设备准备

耐酸容器 + 加热装置。

2. 材料准备（见表 2—5）

表 2—5　　石蜡—硬脂酸模料的回收处理的配料

旧模料（kg）	盐酸（kg）	水（kg）
100	4 ~ 5	35 ~ 38

二、工作程序

1. 将占需处理旧模料质量的 4% ~ 5% 盐酸（或 2% ~ 4% 硫酸）加入已加热的

水（占需处理旧模料质量的35%～38%）中，搅拌均匀后，加入旧模料，使温度保持在80～88℃（不超过90℃），不断搅拌，直至模料的白点消失。

2. 在70～80℃温度下保温静置后过滤，再将蜡液倒入75～85℃热水中，不断搅拌去除残酸。

3. 在操作中调整，以水不黄、蜡液清澈为准。水黄，应多加水；蜡液浑浊不清，应多加酸。

三、注意事项

1. 为防止模料产生碳化，模料加热温度一定要控制在90℃以下。

2. 回收处理时间不得少于1 h。

技能要求4

熔模质量的判定及修正

一、熔模质量的判定

一般要求熔模表面光滑平整，无缺肉、冷隔、流纹、缩陷、裂纹、鼓包、变形，过渡圆角、尺寸符合标准要求。

二、熔模修正

经压型模具成型后的熔模，因模具分型面、注蜡口、工艺参数控制及操作等原因均会使熔模不符合质量要求，这时绝大部分熔模需经制模工修正，只有极少部分报废。修正方法如下：

1. 用专用小刀及电烙铁恢复受损熔模表面，用电烙铁熔化模料补到缩陷、冷隔及缺肉处，多余模料则用小刀刮除。

2. 流纹、裂纹、鼓包熔模，可先用电烙铁熔化缺陷部位，如有缺陷则熔化少量模料补齐后再用小刀修正至要求。

3. 分型处熔模易产生分型线或披缝，需用小刀将其刮除至平滑过渡，注蜡口如无缺肉只需刮平即可。若注蜡口内浇口端面有缺肉，因此面要和浇口棒组焊，此种情况不需修复；若其他位置有缺肉，则必须按方法1修复。

4. 变形、尺寸不符合要求，又无法修复的，则按报废处理。

学习单元 2 模壳制作

学习目标

➤掌握涂挂涂料、撒砂及脱蜡方法

➤掌握模壳硬化基本常识

➤掌握模壳烘炉的使用方法

知识要求

一、涂挂涂料、撒砂及脱蜡方法

1. 涂料

熔模铸型常称型壳，按使用的黏结剂，可分为水玻璃黏结剂型壳、硅酸乙酯黏结剂型壳、硅溶胶黏结剂型壳、硅酸乙酯（或硅溶胶）—水玻璃复合型壳，其特点及应用范围见表 2—6。

表 2—6 水玻璃型壳、硅酸乙酯型壳、硅溶胶型壳特点及应用范围

熔模铸型类别	特点及应用范围
水玻璃型壳	铸件表面粗糙度值较大，尺寸精度低，制壳周期短，价格低廉，铸件成本低。广泛应用于铸造碳钢、低合金钢、铝合金和铜合金
硅酸乙酯型壳	铸件表面粗糙度值较小，尺寸精度高，较硅溶胶的制壳周期短，但原材料较贵，铸造费用较高，干燥条件控制不当时，型壳内表面易产生“白霜”。广泛应用于铸造高温耐热合金、耐热钢、不锈钢、低合金钢、碳素钢、铝合金和铜合金
硅溶胶型壳	铸件表面粗糙度值较低，尺寸精度高，制壳周期长，型壳内表面不产生“白霜”。广泛应用于铸造高温耐热合金、耐热钢、不锈钢、低合金钢、碳素钢、铝合金和铜合金，但原材料较贵，铸造费用较高
硅酸乙酯（或硅溶胶）—水玻璃复合型壳	型壳内表面第 1 ~2 层涂料用硅酸乙酯或硅溶胶作为黏结剂，以后各层用水玻璃作为黏结剂，铸件表面粗糙度与硅酸乙酯型壳或硅溶胶型壳浇注的铸件相近，铸造费用介于水玻璃型壳和硅酸乙酯（或硅溶胶）型壳之间

2. 耐火材料

熔模铸造的型壳是由耐火材料和黏结剂所组成的。耐火材料的物理及化学性质

直接影响铸件的表面质量及尺寸精度，因此，使用的耐火材料应满足以下要求。

（1）耐火特性

要有足够的耐火度，浇注金属液后，型壳不能产生熔融、软化或变形。

（2）化学稳定性

在高温下与金属液接触，不产生化学反应，不会恶化铸件表面质量。

（3）热膨胀性

型壳在加热过程中，线膨胀率要低和均匀，不致影响铸件的尺寸精度。

（4）强度

在常温和高温下要有足够的强度，以便于操作和浇注。浇注后要具有适当的退让性和低的残留强度。

（5）抗热冲击性

型壳在装炉焙烧和出炉进行浇注的过程中，都受到剧烈的热冲击作用，在这些操作过程中，型壳不能有穿透性的裂纹或破碎。

国内常用的耐火材料有硅砂、电熔刚玉、锆砂、铝矾土、煤矸石和高岭石等。

3. 脱蜡

对于石蜡—硬脂酸等低温模料，通常采用热水脱蜡法，水中加质量分数为3%～8%的氯化铵或4%～6%的结晶氯化铝或1%工业盐酸，使型壳脱蜡时得到补充硬化，这样会对型壳的内表面有很大的好处。浇口杯朝上，水温宜控制在95～98℃，以不沸腾为原则。脱蜡时间以20～30 min为宜。对于其他模料则一般采用高压蒸汽脱蜡法，浇口杯朝下，蒸汽压力要求在0.6～0.75 MPa，脱蜡应在6～10 min之内完成。

二、模壳硬化基本常识

1. 硬化基本常识

硅溶胶、水玻璃是以水为载体的碱性硅酸胶体，硅酸乙酯是以乙醇为载体的酸性硅酸胶体，它们本质上都属于硅酸胶体。硅酸胶体有三种状态：溶胶、冻胶和凝胶。从溶胶转变为冻胶、凝胶的过程称为胶体胶凝过程。熔模铸造制壳的过程，就是胶体胶凝的过程，即硬化过程。

2. 硬化工艺方法

（1）硅溶胶涂料

由于硅溶胶中的SiO_2已全部以溶胶状态存在，所以其制壳过程只需采用干燥硬化，而使溶胶胶凝。

（2）水玻璃涂料

由于水玻璃是多种化合物的混合物，SiO_2溶胶常占 SiO_2 总量的1/3。所以在制壳过程中，只有经过化学硬化，才能使化合物中的 SiO_2形成不可逆转化的硅凝胶。常用的硬化剂有氯化铵水溶液、结晶氯化铝水溶液、结晶氯化镁水溶液等。

（3）硅酸乙酯涂料

硅酸乙酯只有通过水解才能成为黏结剂，制壳过程中需继续进行水解—缩聚反应，所以型壳硬化可用氨气催化，俗称“氨干”。

三、型壳焙烧的目的和要求

焙烧的目的，首先是去除型壳中的挥发物，如水分、残余蜡料、皂化物、盐分等；其次是提高型壳高温强度及透气性；最后是提高型壳温度，减少金属液与型壳的温度差，从而防止气孔、漏壳、浇不足等缺陷的产生。

焙烧好的型壳表面呈白色或浅色，出炉时不冒黑烟。反复焙烧会使型壳强度下降，故一般不能反复焙烧型壳。

技能要求 1

涂料、撒砂

一、工作准备

1. 组装好的模组经脱脂后沥干水珠。
2. 准备混制好的涂料和相应规格的砂子。

二、工作程序

1. 上面层涂料

上面层涂料时应根据熔模结构特点，在涂料桶中转动和上下移动，防止熔模上的凹角、沟槽和小孔集气泡处涂不上涂料，必要时用小毛刷刷这些部位。

2. 面层撒砂

面层采用雨淋撒砂法，涂料上好后，不断转动模组，使浆料均匀分布在模组上进行撒砂。撒砂后模组表面不应有过厚的流痕，必要时须用适当的工具

（如小刀、铁丝等）刮平。

3. 上背层（过渡层）涂料

上背层涂料时也应使模组在涂料桶中转动和上下移动，让涂料能渗入上一层涂料撒砂的空隙中并湿润良好，以排除砂粒间的空气，使分层形成的型壳成为均匀连续且紧密镶嵌的整体，防止形成孔洞、裂隙和分层。

4. 背层撒砂

可采用沸腾撒砂法或人工堆积撒砂法，撒砂前须保证涂料覆盖均匀。

5. 挂浆

采用背层涂料，涂挂水玻璃型壳时，挂浆后可直接进行硬化。

三、注意事项

1. 上涂料后应及时撒砂，避免涂料表干造成粘不上砂。
2. 采用合适的撒砂力度，并应适时过筛，以筛除撒落浆料形成的砂料块。
3. 型壳硬化过程可在他人指导下进行。

技能要求2

水玻璃型壳脱蜡

一、工作准备

1. 设备准备

采用吊篮式热水脱蜡装置。为保证脱蜡时间，加热方式最好采用蒸汽直接加热。

2. 水温加热至95℃以上，严禁出现沸腾。

3. 壳浇口杯应清理干净，浇口杯裸露熔模不得镶嵌有砂粒。

二、工作程序

1. 将型壳浇口杯朝上，置于脱蜡水槽中，水槽液面须完全没过型壳浇口杯。

2. 水温保持在95～98℃。15～20 min后，取出浇口棒，将熔融的蜡液撇出。

3. 用95℃以上的洁净热水反复冲洗型壳内腔2～3次，使型腔内蜡料脱除干净。

三、注意事项

1. 在保温过程中，应避免水沸腾，造成散落的砂粒进入型腔。

2. 在脱蜡水中可以加入质量分数为 3% ~5% 的氯化铵或结晶氯化铝，使型壳脱蜡时得到补充硬化。

3. 穿戴好劳动保护用品，以免烫伤。

技能要求 3

型壳焙烧

一、工作准备

1. 型壳脱蜡后须经 4 h 以上自然干燥后，方可焙烧。

2. 准备焙烧炉。一般水玻璃型壳采用普通电阻炉、煤炉或燃气炉；硅溶胶或硅酸乙酯型壳一般采用燃油或燃气加热炉。

二、工作程序

1. 将型壳浇口杯朝下整齐、平稳地码放在焙烧炉内。

2. 焙烧温度及时间工艺参数见表 2—7。

表 2—7　焙烧温度及时间工艺参数

熔模铸型类别	加热温度（℃）	保温时间（h）
水玻璃型壳	850 ~900	2 ~4
硅溶胶或硅酸乙酯型壳	950 ~1 100	0.5

3. 型壳出炉时，为保证型腔内的清洁，应进行“摇壳”，即手持型壳，浇口杯朝下，不同方向反复摇晃型壳，将型腔内的有害杂物摇出。

三、注意事项

1. “摇壳”时，须戴石棉手套，以防烫伤。

2. 型壳焙烧出炉后，注意观察型壳内腔表面颜色，应为白色或浅色，否则说明型壳焙烧质量不佳。

3. 不能反复对型壳进行焙烧，特别是以石英砂作为耐火材料的型壳，最好焙烧一次即浇注完毕，否则型壳强度将大大降低，甚至出现漏壳现象。

第2节　压力铸造

学习单元1　压力铸造及生产概况

学习目标

➢了解压力铸造基本知识和生产概况

➢掌握压铸生产基本内容

知识要求

一、我国压铸生产发展概况

压力铸造在我国约起始于20世纪40年代末，50年代初引进了一些前苏联和捷克生产的压铸机，并于50年代末期开始自行设计制造了卧式冷室压铸机，逐步发展到今天可自行设计和制造3 000 t的卧式冷室压铸机，同时正在研制4 000 t卧式冷室压铸机。随着压铸件在汽车、摩托车、电工、仪表、民用产品等多个行业中的广泛应用，压铸工艺得到迅速发展，其铸件薄壁化、轻量化、尺寸精度高、少切削等优势使其在有色金属铸件中所占的比例不断增大，也从另一个侧面体现出一个国家铸造技术水平提高更新的速度。

目前，我国的压铸工业已遍布全国，围绕着汽车制造业的配套服务，压铸生产在哈尔滨、长春、沈阳、北京、天津、上海、重庆、十堰、广州等城市都已形成了成熟的技术、规模化的产量，压铸件质量最大可达20～30 kg。

二、压力铸造简介

1．压力铸造定义

压力铸造是将液态或半液态金属在高压的作用下，以极高的速度完全充填到压铸型的型腔，并在压力作用下快速凝固而获得铸件的一种铸造方法，简称压铸。

实现压铸的工艺过程，则是将压铸机、压铸型和压铸合金等有机结合并加以综合运用的过程，这些因素之间相互影响、相互制约，始终贯穿于压铸生产过程。

2．压铸合金

目前压铸生产应用的合金包括压铸铝合金、压铸锌合金、压铸镁合金及压铸铜合金。

3．压铸型

压铸型是进行压铸生产的主要工艺装备，其工艺结构的合理性与精度决定了压铸件成型、尺寸精度、内部气孔、表面精度等方面质量的优劣。

4．压铸机

压铸机是压铸生产中最基本的设备，其种类分为：

- 压铸机
  - 热室压铸机
  - 冷室压铸机
    - 立式压铸机
    - 卧式压铸机

5．压铸型涂料

压铸型涂料是用来避免高温合金液对型腔表面发生冲刷作用并相互黏结而喷涂的一种溶剂，通过喷涂在压铸型型腔表面，可降低压铸型表面温度并形成一种薄膜，减少抽芯和顶出铸件的阻力。

三、压铸型涂料的配制

由于压铸型涂料是保证铸件表面质量、压铸型寿命和生产效率的一个重要因素，因此，在压铸生产使用时，必须进行合理的配制。

目前普遍使用的压铸型涂料为水基脱模剂，原液由专业涂料厂家生产，压铸生产时只需进行水稀释浓度配制。

1．大件、薄壁件、复杂件稀释比例要低，涂料∶水≤1∶80。

2. 小件、壁厚均匀件、简单件稀释比例可高一些，涂料: 水≥1: 120。

合适的压铸型涂料浓度，最终要通过压铸生产实际脱模状态来决定。

技能要求1

压铸型吊装

一、工作准备

1. 检查压铸型结构件是否齐全完好，冷却水接管安装是否齐全。

2. 将吊环螺栓紧固在压铸型上，并保证吊装时受力均衡。

3. 检查天车各方向动作是否灵敏正常，吊索具有无破损、开裂。

4. 准备加长杆套管扳手、T形螺栓、压板、压板垫。

5. 根据压铸型顶出机构行程与压铸机配合尺寸，准备好合适直径及长度的顶杆并安装到压铸机上。

6. 测量压铸型的浇口套与压铸机的压室安装连接尺寸是否完全一致。

二、工作程序

1. 使用天车将压铸型吊入压铸机动、定型板之间。

2. 将压铸型的浇口套与压铸机的压室准确地对接在一起，并将压铸型固定在压铸机定型板上。

3. 调整压铸机动型板与定型板的合模距离，至恰好压紧压铸型为止。

4. 用压板将压铸型的动、定模板分别紧固在压铸机的动、定型板上。

5. 将相关的冷却水管、液压抽芯机构连接好。

三、注意事项

1. 在调整压铸机开合模距离时，必须将压铸机开合模控制按钮设置为“手动”和“慢速”，否则会因合模距离小于压铸型开合模方向总体尺寸，造成压铸型损毁。

2. 操作天车吊装压铸型时，操作人员应远离压铸型正下方，避免因压铸型发生异常脱落造成人员伤亡事故。

技能要求 2

压铸型拆卸

一、工作准备

1. 将吊环螺栓紧固在压铸型上，并保证吊装拆卸时受力均衡、冷却水管拆开。
2. 检查天车各方向动作是否灵敏正常，吊索具有无破损、开裂。
3. 准备加长杆套管扳手。
4. 压铸型拆卸完毕，将顶杆从压铸机中取出。
5. 将浇口套与压室完全分离。

二、工作程序

1. 使用吊索具分别连接好天车和压铸型。
2. 将压板螺栓松开，撤掉压板。
3. 将相关冷却水管及抽芯机构连接件拆掉。
4. 将压铸机开模。
5. 将浇口套与压室完全分离。
6. 将压铸型吊出压铸机。

三、注意事项

必须将压板螺栓完全拆除掉方可操作压铸机开模。

学习单元 2 压铸生产

学习目标

➢掌握压铸生产基本工艺

➢能独立操作小型压铸机从事压铸生产

知识要求

1. 压铸生产工艺过程

从事压铸生产首先要掌握压铸生产工艺过程，并通过操作压铸机来实现，压铸生产工艺过程循环如图2—4所示。

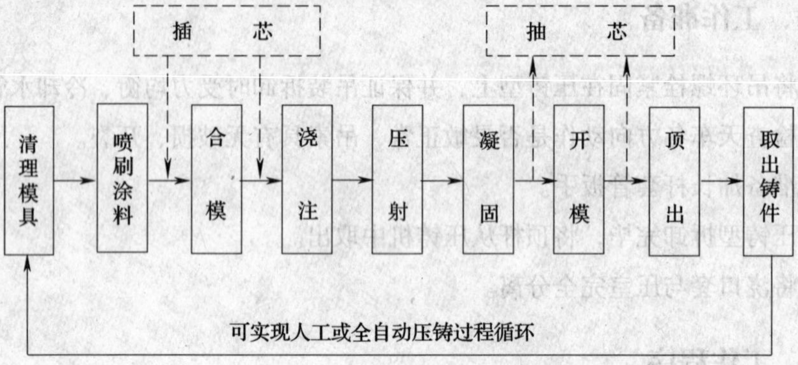

图2—4　压铸生产工艺过程循环

影响压铸生产工艺过程的一个重要因素是压铸型，依据压铸件的工艺结构，压铸型会设计成多种结构形式，如简单动、定型两开合形式，带滑块抽芯机构形式，带液压抽芯机构形式等。为满足压铸型的结构形式要求，压铸生产工艺过程也相应地发生变化。

2. 压铸型涂料的使用

在压铸生产正常连续运转过程中，正确使用压铸型涂料关系到压铸型的寿命、压铸件质量以及生产效率。

（1）根据压铸件结构工艺特性，配制浓度合适的压铸型涂料。

（2）保证压铸型表面温度，有关机构研究分析表明，适合的温度为150～270℃，最好为200℃左右。

压铸型涂料喷涂最佳效果为在压铸型表面均匀形成“皮膜”，喷涂量太小不均匀，形不成“皮膜”会影响压铸件脱模效果，喷涂量过大会造成涂料流淌。

技能要求

压铸机操作（以简单动、定型两开合形式为例）

一、工作准备

1. 在充分了解和掌握压铸生产工艺过程的条件下，操作者应能够熟练操作压铸机从事压铸生产。

2．压铸机的主要结构

压铸机主要由开合型机构、压射机构、顶出机构、液压系统和控制系统组成，如图 2—5 所示。

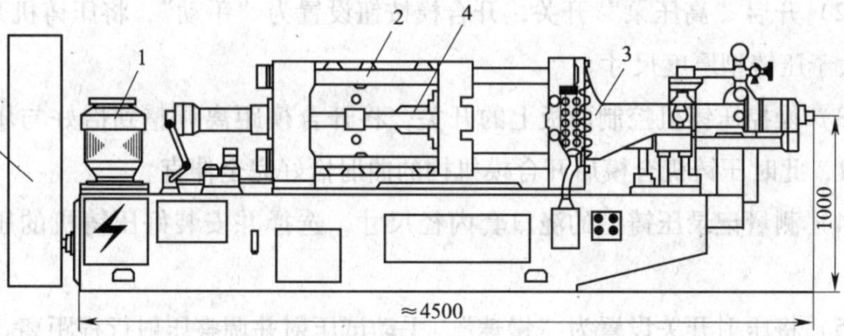

图 2—5　冷室卧式压铸机（J1113 型）的总体结构

1—液压系统　2—开合型机构　3—压射机构　4—顶出机构　5—控制系统

3．压铸机的操作控制面板（见图 2—6）

操作者必须熟悉和正确使用操作控制面板，确保操作人员不受到伤害，压铸型和压铸机不受到损坏。

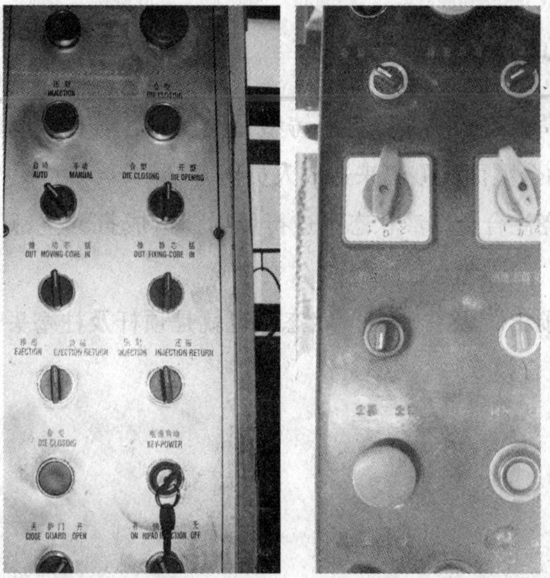

图 2—6　普通压铸机操作面板

二、工作程序

1. 安装压铸型时的操作

（1）首先要检查操作控制面板各控制按钮位置，恢复到“0”位，同时测量记录压铸型合型状态的厚度尺寸。

（2）开启“高压泵”开关，开合模按钮设置为“手动”，将压铸机开模距离调整到大于压铸型厚度尺寸。

（3）操控压铸机控制面板上的开关，将开合模距离调整到恰好与压铸型厚度相一致，此时压铸机合模后开合模机构的曲肘恰好完全伸直。

（4）测量记录压铸型的浇口套内径尺寸，选择并安装好压铸机的压室及柱塞头。

（5）将压射开关设置为“慢速”，手动试压射并调整压射行程距离。

2. 压铸生产时的操作

（1）压铸生产开始后，必须先使用“慢速”压射充填合金熔液，待压铸型表面温度上升至适宜条件时，再将压射开关切换至“快速”位置。

（2）快速压射充型后，在保压凝固成型后，打开压铸机，操作“顶出”开关，顶出铸件。

（3）操作“顶回”和“压回”开关，将柱塞头和顶杆回复至原位。

三、注意事项

1. 压铸机合模距离必须保证将压铸型完全压紧，若存在间隙，压射时合金熔液会从动、定型的合型面飞溅出来造成人员伤害。

2. 严禁在未浇注合金熔液状态下进行压射，造成打“空锤”现象，损伤压铸型。

3. 严禁在“顶出”及“压射”状态，也就是顶杆及柱塞头未回复到原始位置状态，操作压铸机合模。

第3章 铸造合金熔炼与浇注

第1节 原辅材料与浇包

学习单元1 原辅材料

学习目标

➢能识别常用金属炉料

➢能识别常用耐火材料辅料

➢能准备炉料

➢能按配料单进行配料

知识要求

铸造生产需要很多种类的原材料和辅助材料，作为一名铸造初级工应该了解其特性和作用。

一、主要原材料

1. 生铁

生铁是碳的质量分数大于2%的铁碳合金，工业生铁碳的质量分数一般为

2.5%～4%，并含Si、Mn、S、P等元素，是用铁矿石经高炉冶炼的产品。生铁的性能是坚硬、耐磨、铸造性好，但脆性大，不能锻压。根据生铁用途的不同，又可分为炼钢生铁、普通铸造生铁和球铁用生铁等几种。炼钢生铁中的碳主要以碳化铁的形态存在，其断面呈白色，通常又称白口铁。这种生铁性能坚硬而脆，一般都用做炼钢的原料。普通铸造生铁和球铁用生铁中的碳以片状的石墨形态存在，其断口为灰色。

2. 废钢

废钢是指经过回收并且经过成分确认合格的废旧钢料。来源于废品收购站的废钢比较复杂，成分不稳定，应注意废钢中的有害元素。来自于轧钢厂的下脚料废钢质量稳定。废钢的主要作用是降低铸铁的含碳量，改善铸件力学性能。

3. 锰铁

锰铁是锰和铁组成的铁合金，主要用来调整铸铁的含锰量，或者作为炼钢的预脱氧剂。

4. 硅铁

硅铁是铁和硅组成的铁合金，主要成分（质量分数）：72%～80%Si、0.5%～1.5%Al。

硅铁的用途：调整钢铁中的硅含量；在炼钢工业中用做脱氧剂；在铸铁工业中用做孕育剂。

5. 增碳剂

增碳剂分炼钢用增碳剂和铸铁用增碳剂，属于外加炼钢、炼铁增碳原料。优质增碳剂是生产优质铸钢和铸铁必不可少的辅助添加剂。

6. 球化剂

球化剂中的球化元素可使铸铁结晶时石墨以球状形式析出，得到球墨铸铁。我国使用最多的球化剂是稀土镁合金，密度4～5 g/cm^3，断口为银灰色。

7. 孕育剂

孕育剂有以硅铁合金为主，同时含有少量的Al、Ba、Ca、Sr等元素的硅系孕育剂，也有含C的碳系孕育剂。不论哪种孕育剂都具有促进铸铁石墨化、减少白口倾向、改善石墨形态和分布状况、增加共晶团数量、细化基体组织、提高铸铁综合性能的作用，适用于铸铁生产的一般孕育或瞬时孕育。

8. 常用金属及其他铁合金

包括铜、铬铁、钼铁、镍、钛铁、硫化亚铁、锑、锡、铋等。

二、主要辅助材料

1. 焦炭

焦炭是用煤或石油沥青经高温干馏焦化而成，是化铁炉熔铁的主要燃料。其作用是经燃烧产生高温熔化炉料并使铁液过热，支撑料柱保持其良好的透气性。

2. 石灰石

石灰石主要矿物成分为方解石，主要起溶剂、造渣的作用，能够稀释熔渣，提高熔渣流动性，同时抑制或脱除铁液中的硫元素。

3. 石英砂

石英砂是一种坚硬、耐磨、化学性能稳定的硅酸盐矿物，其主要矿物成分是 SiO_2，质量分数高达 99%。石英砂是一种非常普遍的酸性耐火材料，用于修炉、修包。

4. 镁砂

镁砂的主要成分是氧化镁，是铸钢最重要的耐火材料之一，用于制造各种镁砖、镁铝砖、捣打料、补炉料等。含有杂质较多的镁砂，用于铺筑炼钢炉底等。

5. 硼酸

硼酸也称为硼砂，主要用做酸性炉衬耐火材料的黏结剂。

6. 耐火泥

耐火泥分黏土质耐火泥、高铝质耐火泥、硅质耐火泥和镁质耐火泥，分别用做同类耐火骨料的黏结剂。

7. 焦炭粉

焦炭粉是用焦炭破碎成的粉粒状物，广泛用于铸铁修炉、修包的耐火骨料，有很高的耐火度。

8. 耐火砖

耐火砖简称火砖，是具有一定形状和尺寸的耐火材料。可用做修筑窑炉和各种热工设备的高温筑炉材料和结构材料，并在高温下能经受各种物理化学变化和机械作用。产品有黏土砖、硅砖、高铝砖、镁砖等。

9. 黑铅粉

黑铅粉也称为石墨粉，是一种含碳较高的矿物质，在铸铁中用于修包及涂料中的骨料，有很高的耐火度。

10. 聚渣剂

聚渣剂多使用珍珠岩或与之性质相近的火山灰，抛洒在铁液表面与熔渣相遇，将熔渣聚集成块以便于除渣。浇注时抛洒在铁液表面也可起到挡渣的作用。质量优良的聚渣剂应有良好的捕渣、除渣及保温性能，撒布于金属熔液表面后，在高温下膨胀生成黏稠状的活性材料，迅速吸附金属熔液中的熔渣和杂质，并形成塑性渣壳覆盖于熔液表面，起聚渣、除渣、净化熔液的作用。

11. 干振料

干振料是用于修筑感应炉衬的成品耐火材料，可根据熔炼的需要，选择酸性（二氧化硅）、碱性（氧化镁）、中性（三氧化二铝）等不同性质的炉衬干振料。

技能要求

炉料准备

一、工作准备

1. 备料工具

准备料斗、天车、电磁吸盘、手推车、铁叉等工具。

2. 称量工具

准备磅秤、电子吊钩秤等称量工具。

二、工作程序

利用天车或手推车将各种生铁、废钢、回炉料、焦炭、石灰石、硅铁、锰铁等炉料运至熔炼炉旁，或将各种主要原材料利用料斗、天车、电磁吸盘等分别装入料仓。

三、工作要点及注意事项

1. 金属炉料要按牌号或成分堆放，按规定块度、块重破碎。

2. 炉料要干净，不要混入泥沙、铁锈等杂物。

3. 对于冲天炉用焦炭，要筛分、剔除焦炭末，块度不均匀的焦炭应分级使用，不得混用。

学习单元 2　浇包准备

学习目标

➤了解各种浇包或设备

➤能维修和烘烤浇包

知识要求

容纳、处理、输送和浇注熔融金属的容器称为浇包。浇包的种类很多，可根据生产规模、铸件大小及种类、浇注方式等来选择。随着科技的发展，浇包已逐步转向设备化，称为专用浇注机。

一、浇包种类

常用的浇包有手端包或握包（见图 3—1）、抬包或扛包（见图 3—2）、手动升降式单轨吊包（见图 3—3）、大型铸件用的桥式起重倾转式浇包（见图 3—4）、滚筒式吊包（见图 3—5）、底注式浇包（见图 3—6）、茶壶式浇包（见图 3—7），球墨铸铁专用的凹坑式球化处理包（见图 3—8）、锥筒形吊包（见图 3—9）、球化处理用 GF 转包（见图 3—10），另外还有机械化、自动化程度较高的浇注机。

图3—1　手端包或握包

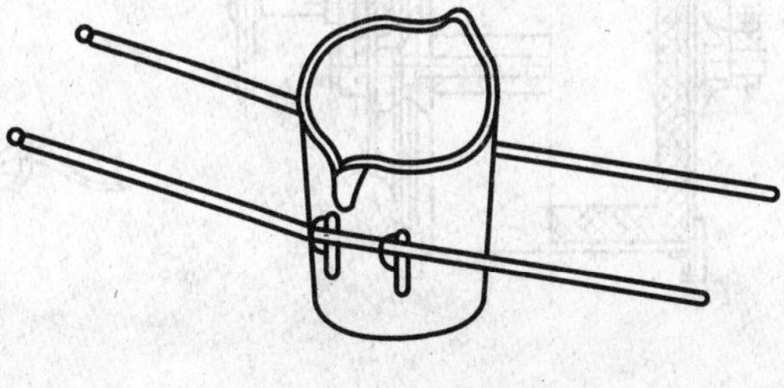

图3—2　抬包或扛包

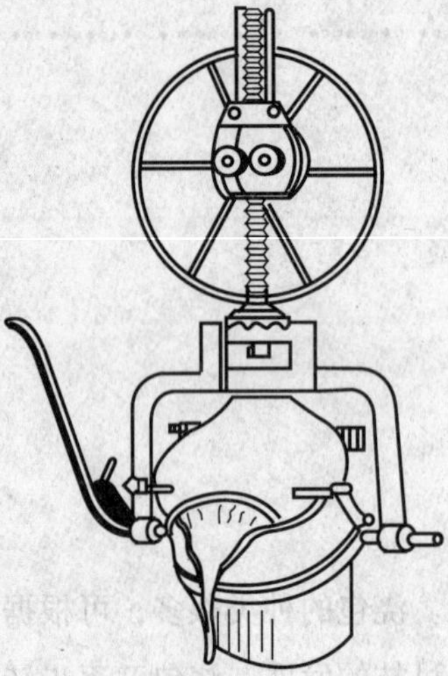

图3—3　手动升降式单轨吊包

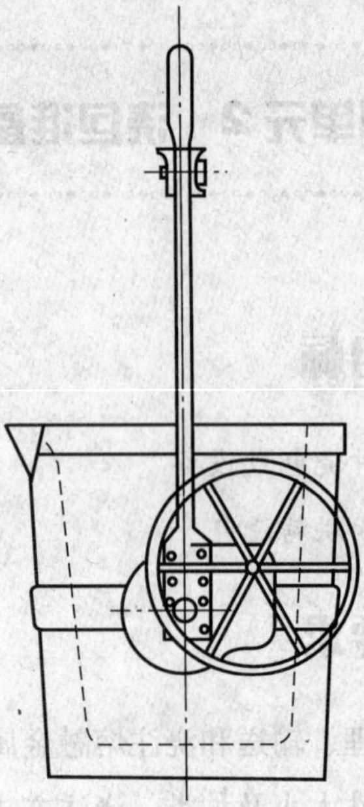

图3—4　桥式起重倾转式浇包

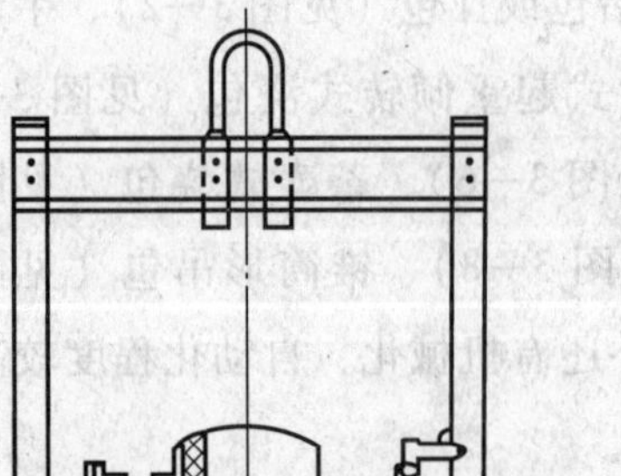

图3—5　滚筒式吊包

图3—6　底注式浇包

图3—7　茶壶式浇包

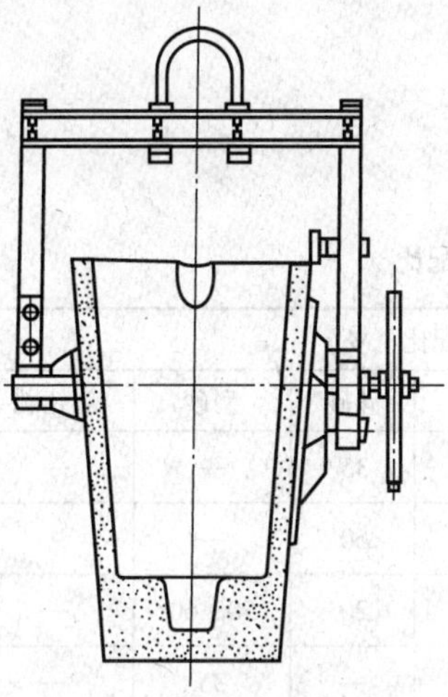

图3—8　凹坑式球化处理包

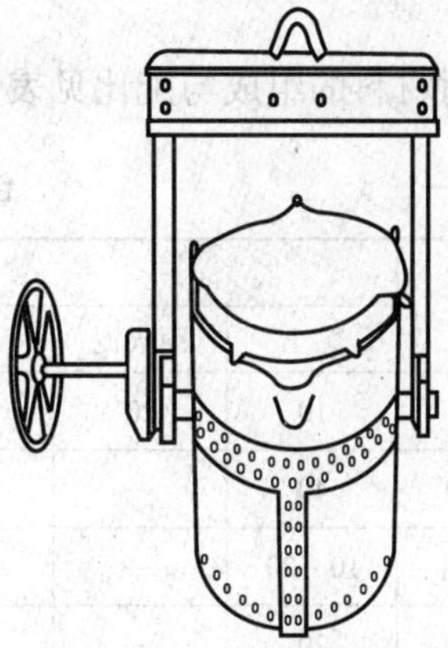

图3—9　锥筒形吊包

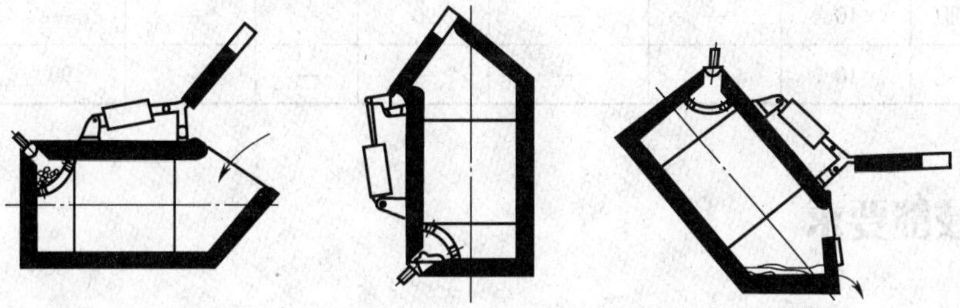

a)　　b)　　c)

图 3—10　球化处理用 GF 转包

a）出铁　b）球化反应　c）倒包

二、包衬结构

浇注包应该承受高温铁液的冲刷与侵蚀，不同类型的浇包，其包衬结构不尽相同，如图 3—11 所示。

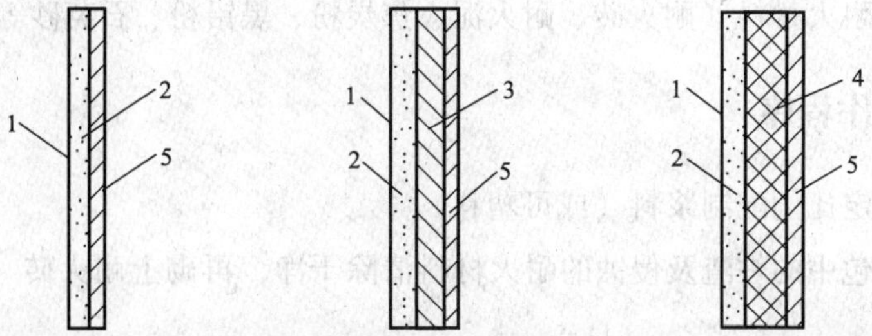

a)　　b)　　c)

图 3—11　包衬结构

a）手端包　b）抬包及 1 t 以下的吊包　c）1 t 以上的吊包

1—涂料　2—软材料　3—硬材料　4—耐火砖　5—包壳

三、包衬材料组成

包衬材料的组成与配比见表3—1。

表3—1　　包衬材料的组成与配比

名称	材料种类与配比（%）							
	黏土	耐火泥	耐火砖粉	焦炭粉	硅砂	型砂	黑铅粉	水
硬材料Ⅰ	10	20	35	—	35	—	—	适量
硬材料Ⅱ	40	—	—	—	60	—	—	适量
硬材料Ⅲ	10~20	—	—	10	20	50~60	—	适量
软材料Ⅰ	20	—	—	45	—	35	—	适量
软材料Ⅱ	20	—	—	80	—	—	—	适量
软材料Ⅲ	10	—	—	90	—	—	—	适量
涂料	10	—	—	—	—	—	90	适量

技能要求

修　包

一、工作准备

1. 烘烤工具：准备烤枪或其他烘烤工具及劈柴、燃油等烘干燃料。

2. 修包工具：准备风铲、锤子、凿子、木锤、抹子、瓦刀等修炉工具。

3. 准备耐火材料（耐火砖、耐火泥、焦炭粉、黑铅粉、石英砂等）。

二、工作程序

1. 按一定比例配制浆料（或可塑料）。

2. 将旧包中的炉渣及侵蚀的耐火材料清除干净，再砌上耐火砖（或贴敷可塑料）。

3. 按一定比例配制软材料。

4. 在耐火砖或可塑料上贴敷软材料，贴敷可塑料或贴敷软材料时应使用木锤砸实。

5. 用可塑料、软材料修包嘴，修包衬及整形。

6. 用劈柴或烘烤工具烘干。

三、工作要点及注意事项

1. 砌耐火砖时砖与砖之间的缝隙不大于 2 mm。

2. 浇包的结构应该坚固，转动灵活。

3. 保险装置齐全、有效。

4. 修包材料配比合适，修包质量可靠，尺寸稳定，浇包容量正确。

5. 浇包修筑、修补后要经过烘干处理，彻底去除水分。

第 2 节　铸造合金及熔化过程控制

学习单元 1　冲天炉熔炼加料

学习目标

➤掌握冲天炉的加料顺序

知识要求

冲天炉是一种熔炼铸铁的圆筒形竖炉，主要由炉顶、烟筒、炉身、炉缸、支撑、前炉和供风系统等组成。冲天炉具有结构简单、操作方便、熔化速度快、适应性强、可连续生产和成本较低等优点，是目前铸铁熔炼的主要设备之一。

一、在同一批炉料内不可无次序混乱地加料

根据技术人员提供的配料单，一批料中往往有多种不同的炉料。为使冲天炉的熔炼稳定，每批料均按照固定的加料顺序加料。这样做也是为了建立一个井然有序的加料习惯，以免在加料时丢三落四。忘记加任何一种炉料都会造成冲天炉熔炼的铸铁成分有较大的波动，这属于不允许的人为失误。

当采用爬车式翻斗上料机构时，每批炉料通常是按新生铁—铁合金—回炉料—废钢—焦炭—熔剂的顺序添加。分两桶加料时，金属料为一桶，先上完后再上焦炭与熔剂（第二桶）。当采用吊车中心加料时，通常按照废钢—回炉料—铁合金—新生铁—焦炭—熔剂的顺序加料。

从冲天炉内料柱的层次看，每批铁料最难熔的料应处于这一批料的最下面，一般废钢的熔点相对较高，所以应把废钢放在最下面。新生铁即高炉生铁的含碳量最高（通常质量分数在4.1%以上），熔点相对较低，所以在铁料中位置靠上。焦炭和熔剂应覆盖在金属料的上面。在加料口处观察料柱表面，多数时间应看到由熔剂和焦炭组成表面，其目的是防止铁料的氧化，特别是要防止易氧化铁合金的氧化，当然，由于铁合金的块度通常相对较小，也应将其向前串料的可能考虑进去。熔剂的理想位置是焦炭层心部的上方。若加料顺序的实际结果不利于熔剂处于炉膛中心，则应把熔剂与焦炭的顺序调换一下，使熔剂远离炉壁，目的是尽可能减少呈碱性的氧化钙与呈酸性的炉衬直接反应形成低熔点炉渣，减小它的除灰分作用，同时，也是为了避免炉衬被严重侵蚀，以尽可能延长炉衬寿命，减少修炉的工作量。

二、不可使用生锈、带泥、带砂芯的或碎小的铁料

由于铁锈的主要成分是氢氧化铁和氧化铁，带入炉内会明显增加炉渣的氧化性，同时使铁液中氧含量和氢含量升高，从而导致铸件与试棒的皮下气孔缺陷，因此，不可使用生锈的铁料。

有的铁料带有污泥或有黏砂及砂芯未清理，如果入炉会显著增加渣量、炉渣的酸度及黏稠度，从而降低熔炼的质量。因此，带有污泥或有黏砂及带有砂芯的铁料不可入炉，必须把这些炉料挑拣出来与生锈的铁料一起经过清理滚筒清理干净后，放回原处备用。

块度小于焦炭块度1/3的碎小铁料或长度大于炉膛直径1/3的棒料，不可入炉，否则会造成熔炼不正常而降低铁液质量。例如碎小铁料会向前串料，造成铁液成分超出允许范围，严重时导致冲天炉下部卡料，即加料口料面停止不动、不往下走料，风压显著上升，与此同时风口区内焦炭逐渐烧空，这称为下搭棚。而过长的铁料会向后串料或造成上部卡料，即加料口料面停止不动，风压显著下降，逐渐在加料口的料面中有火焰出现，这称为上搭棚。因此，铁料不可过大或过小。过长过大的炉料应用落锤砸开，或把细长的铁料弯折后与过小的铁料一起放在铁锭模中，用浇注剩余的铁液浇合成锭块后再入炉。

三、化学成分不同或产地来源不同的铁料禁止混合堆放或随意乱放

严格的生产管理是先进生产技术的基础，正确的配料是建立在有效的管理之上的。若管理不善，化学成分不同或产地来源不同的铁料随意堆放在一起，则成分化验失去意义，配料也失去意义，铁液的化学成分就没有保证；或者虽是同样的成分，但不同产地的铁料混在一起，也造成对石墨的遗传性及微量元素的干扰无法控制。这些都是导致产品质量低劣、不能稳定正常生产的重要原因。同时应禁止随意在露天堆放炉料，造成铁料的严重锈蚀。

四、冲天炉鼓风开始后不可空料，更不允许不过秤就加料

由于冲天炉是连续化铁、连续加料的，及时上料是冲天炉技术操作规程中的重点要求。分批加入炉内的炉料，必须按既定的批料重及配料单规定的比例或质量准确称量后上料，这也是规程中重要的一条。另外，在整个开炉过程中，除了正在进行称量工作外，加料桶不应空料，要保证及时上料。所谓及时上料就是保证冲天炉内的料柱高度经常处于充满状态，一旦料柱下降至能容纳一桶炉料的程度，就立即上料，与此同时称出下一桶的炉料，等加料桶加完料后返回时，及时把称好的炉料装入桶内，如此循环，直至最后一批炉料的最后一桶为止。及时上料是为了保证炉气的热量较充分地利用，铁料能充分地预热，使冲天炉处于最佳熔炼状态。

加料技术规程中明确规定，每一批炉料、每一种炉料要严格过秤，否则会导致铁液的化学成分波动非常大，严重时超出铁液化学成分范围，影响铁液的冶金质量，导致铸件产生废品。

技能要求

冲天炉加料

一、工作准备

1. 准备好铁叉、小车、铁锹等工具。
2. 检查上料卷扬机工作是否正常。
3. 检查料仓和上料天车是否工作正常。

4. 准备磅秤，并检查其准确性。

二、工作程序

1. 加料前，要检查底焦高度，不够规定高度时应补加底焦。

2. 检查底焦高度前应通过风口捣实底焦。

3. 底焦全部烧红后，鼓风吹净炉灰，开始装料，先加溶剂，其加入量为正常加入量的两倍。

4. 然后按配料单加料，加料顺序为废钢—回炉料—铁合金—新生铁—焦炭—熔剂。

（1）人工加料。准备加料用具，底开式加料机按废钢—回炉料—铁合金—新生铁—焦炭—熔剂的顺序称量配料，翻斗式加料机金属炉料的加料顺序相反。启动加料机向炉内加料。

（2）半自动加料。主料配料由计算机控制系统完成，部分铁合金等小料由人工称量配料，人工启动加料机向炉内加料。

（3）自动加料。由配料到加料全部由计算机控制系统自动完成。

5. 装满料后，自然通风15～30 min，预热炉料。

6. 鼓风6～12 min后，在冲天炉过桥处见到铁液。

7. 鼓风30 min左右，可关闭观察孔。

8. 鼓风后，进入正常的冶炼，不断地向炉内加料，以保证正常的料位状态。加料速度应与料位下降速度尽量保持一致。

三、工作要点及注意事项

1. 注意加料时间，既不可过早造成加不进料或炉料外溢，又不能过晚造成空炉。

2. 在加入第一批料前，先在底焦面上加入正常批量2倍左右的溶剂。

3. 熔剂应加在炉料中心，其余炉料应分布均匀。

4. 熔炼不同牌号的铸铁时，变换炉料要注意处理交界处的铁液，必要时加隔焦，尽量将相近牌号的炉料靠近安排。

5. 金属炉料的块度不能超过炉径的1/3。

6. 金属炉料要干净。

7. 合适的批铁质量应该是冲天炉熔化率的1/10～1/8，对于大型冲天炉有时为冲天炉熔化率的1/12～1/10。

学习单元 2　感应炉熔炼加料

学习目标

➤了解感应电炉的加热原理

➤掌握电炉的加料顺序

知识要求

一、感应电炉的加热基本原理

感应加热原理主要是根据法拉第电磁感应定律和电流热效应的焦耳—楞次定律。当任一导体通过交流电时，电流在它的周围空间和导体内部激发出交变磁场。在空间所有各点，只要有变化的磁场，就有电场存在。在充满交变磁场的空间，同时也充满交变电场，这两种场总是相互联系，共同生存，形成电磁场。当通过导电回路所包围的面积的磁场发生变化时，此回路中就会生产电势，此种电势称为感应电势，当回路闭合时，则产生电流。当感应电流在闭合回路内流动时，自由电子要克服各种阻力。于是，必须消耗一部分能量做功即克服导体的电阻，使得一部分电能转换成热能，使金属炉料熔化。电流通过导体所散发的热量与电流的平方、导体的电阻和通电时间成正比。

二、装料的松紧程度

装料的松紧程度直接关系到炉料的熔化速度。为了实现快速加热和熔化，要求坩埚中部与下部炉料的堆积密度越大越好。因为感应加热时磁力线在坩埚中部的密度最大，炉料堆积密度大，磁力线穿过间隙的机会减少，加热效率相应提高，加热速度和熔化速度也相应增加。

三、炉料的块度

炉料的块度大小应与电源频率相适应。感应炉所用的电源频率随炉子容量的增大而降低。因此，大容量感应炉可使用大块炉料，小容量感应炉可使用小块炉料。

每一种频率的电源都对应有最佳金属炉料尺寸。

技能要求

感应炉熔炼铸铁合金的加料

一、工作准备

装料前必须进行下列几项检查和核对工作，这是保证冶炼顺利进行的基础。

1．根据配料单检查核对炉料，包括炉料的种类、成分、质量是否符合规定要求，确认无误后允许装料。

2．检查冶炼设备各部位有无故障，运行是否正常，确认正常后允许进行冶炼。

3．检查和维护坩埚、清除结渣、修补破损部位，必要时对修补处进行烘烤后方可使用。检查炉体裂缝，裂缝超过3 mm时要修补。

4．主要操作者应熟悉冶炼铸铁合金的冶炼工艺及操作要点，保证冶炼工艺的贯彻执行。

二、工作程序

坩埚内部装料的层次与部位应按照炉料的熔点、密度和炉内温度分布特点来决定。

1．坩埚底部为低温度区，该区应装入易于熔化的炉料，如生铁、回炉料等。

2．坩埚中部为高温度区，该区应该装入熔点较高的难熔炉料，如钨铁、钼铁、铌铁等。

3．坩埚上部为最低温度区，该区主要装入废钢、回炉料、生铁等。

三、工作要点及注意事项

1．为避免熔化过程中炉料出现“架桥”现象，要求坩埚上部应松动一些，大小料块搭配装入。

2．采用部分返回料冶炼时，大块返回料装在坩埚中下部，小块碎料装在大料之间和底部。车、刨削及丝状、带状等轻薄料应用压块机制成压块，装入坩埚的中上部或随时分批加入炉内。

3．禁止将密封容器的炉料加入炉内。

4. 禁止将潮湿的炉料加入熔化的金属液中。

5. 工频炉冷炉启动时需用开炉块，开炉块的直径小于坩埚内径 10 ~ 20 mm，高度为坩埚高度的 1/3。热炉启动要有 30% ~40% 的剩余金属液。

6. 中频炉没有开炉块及剩余金属液也能顺利熔炼，但如果剩余 10% 的金属液会加快熔炼速度。

7. 熔化含铅（轴承等）、锌以及有镀层的材料时，会导致炉衬损坏。

8. 加入管状炉料时，金属液可能会沿着管内壁喷射到外面，投入管状料时一定要注意管口的方向。

学习单元 3 电弧炉熔炼加料

学习目标

➢掌握电弧炉的熔炼原理

➢掌握电弧炉的加料顺序

知识要求

一、交流电弧炉加热原理

电弧炉炼钢是利用电极与炉料间产生的高温电弧来熔化炉料和提高钢液过热温度的。

目前，用于炼钢的交流电弧炉都是三相电弧炉，其主要由炉体、炉盖、电极升降机构、倾炉机构以及为了炉顶装料而设置的炉盖旋转机构或炉盖提升炉体移出机构、水冷机构和电气设备等组成。

二、装料方式

目前，铸钢厂一般采用冷装炉料方式，而装备有利用炉气废热预热炉料设备的大型炼钢企业则采用热装料方式。冷装料方式有人工装料和机械装料两种。人工装料多用于公称容量小于 3 t 的电弧炉。人工装料的优点是对炉衬的损害较小，缺点有劳动强度高、生产效率低、热量损失大等，而且所用炉料的块度和单重受炉门尺寸和工人体力的限制。

铸钢厂所用的机械装料方法，基本上都是顶装料法。事先将炉料装在料罐里，炉盖与炉体分离后，由吊车吊起料罐自炉体上方加料。这是一种最为快捷的加料方法，3 ~5 min 就可完成，装料过程中热损失少，能充分利用炉膛空间，且不易损坏炉衬。

三、炉料块度要求

为使装料紧密，炼钢作业正常，炉料应由大料、中料、小料搭配组成。质量 10 kg 以下的为小料，10 ~25 kg 的为中料，50 kg 以上的为大料。合理的搭配比例是：小料 15% ~25%，中料 40% ~50%，大料 30% ~40%。

大料的上限，即最大尺寸或最大质量，应按电炉容量及装料方法规定。人工装料的小炉容量，最大质量应有严格规定。不同容量的电弧炉，大料的最大尺寸见表 3—2。

表 3—2　　电弧炉炼钢所用炉料的最大尺寸

电炉公称容量（t）	3	5	10	20 ~30	50	100
炉料最大横截面（mm × mm）	200 ×200	250 ×250	400 ×400	600 ×600	800 ×800	2 000 ×2 000
炉料最大长度（mm）	400	500	600	800	1 000	2 500

技能要求

电弧炉炼钢加料

一、工作准备

装料前应先检查炉体、炉盖、冷却系统以及电气设备和机械装置是否正常。如有故障，应先排除故障后再装料。

二、工作程序

1. 首先，在料罐底部装一部分小料垫炉底，增碳用的电极碎块装在料罐的下部，以减少熔化过程中的烧损，保证配料的准确性。

2. 接着装大块料和中块料。

3．在料罐中对应于炉子高温区的位置装大块料和难熔的炉料。

4．最上部装小块料及钢屑等薄料。

如图 3—12 所示为料罐中的炉料布置示意图。

三、工作要点及注意事项

1．对废钢的要求。电弧炉的炉料主要是废钢，其来源很广，很难对其提出精确的要求，但作为炉料的废钢必须经过加工处理，并满足以下基本要求：一是必须认真清除封闭的容器和两端堵塞的钢管，以避免发生爆炸；二是必须认真清除各种有色金属与合金，以免影响钢的质量；三是清除泥沙、冰雪及各种非金属物料。

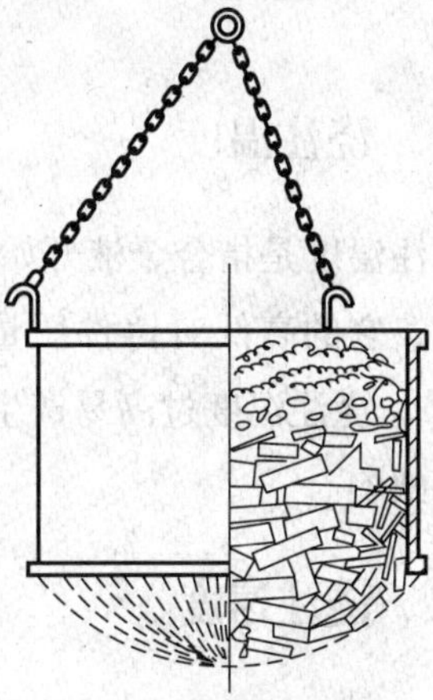

图 3—12　炉料在料罐中的布置示意图

2．炉料应尽可能装得紧实，力求一次装完，而且应使炉料在炉内分布合理，以便熔化过程顺利进行。合理布料的基本要求是：下面紧实，上面松；中间高，四周低；炉门口无大料。

3．高熔点铁合金应放在炉膛中部，但应避开电极。

4．铬铁、锰铁和镍应放在周边，以防止大量烧损。

第 3 节　浇注、扒渣、挡渣及引火

学习单元 1　浇注

学习目标

➢能使用除渣剂及除渣工具除渣、挡渣，学会引火

➢能使用手端包浇注小件

➢能制取炉前分析试样

知识要求

一、浇注温度

浇注温度是指合金液开始浇注的温度。不同的材料、结构的铸件具有不同的浇注温度，它的高低对铸件质量的影响很大。一般铸铁的浇注温度范围为 1 300～1 450℃，浇注温度过高易产生渣孔及粘砂，浇注温度过低易产生气孔、冷隔、充不满等缺陷。

二、浇注速度

浇注速度是指浇注时，单位时间内合金液由浇包注入浇口杯的质量（或体积）。它不完全等同于合金液的充型速度，但又彼此相适应。浇注速度的快慢决定了浇注过程中所用的时间，即浇注时间的长短。生产中，一般都采用浇注时间来衡量浇注的快慢，它直接影响铸件的质量。

三、铸铁件的浇注特点

铸铁是一种碳的质量分数高于 2.14%，并含有硅、锰、磷、硫和其他元素的铁碳合金。与钢相比，熔点较低，凝固温度范围较窄。碳、硅、磷等都可提高铁液的流动性，可增强其充型能力。尤其碳和硅能促进石墨析出，减少凝固收缩。在结晶过程中，碳的析出及伴随的石墨化膨胀过程，可以补充铁液的液态和固态收缩，使产生缩孔的倾向变小。由于铸铁的导热性好，线收缩率小，产生的铸造应力相对于铸钢件也小。浇注时，在保证铸件质量的前提下，可采取高温熔化，较低温度浇注，特别是厚大的高牌号铸件常用低温浇注来实现无补缩冒口，得到无缩孔的完美铸件。否则，浇注温度过高，铁液凝固时间越长，其液态体积收缩越大，尤其是对高牌号灰铸铁来说，产生缩孔的倾向就会增加，厚大件还可能出现石墨粗大，甚至漂浮现象。

球墨铸铁在浇注前需要进行球化处理和孕育处理，故要求铁液有较高的出炉温度，以防温度明显下降而使流动性降低。球化处理后，应及时扒除氧化渣，用覆盖剂覆盖包内铁液表面，立即浇注。否则，渣中反球化作用的硫就会有足够的时间返回铁液，出现球化衰退，或因铁液降温严重，铸件出现冷隔、皱皮缺陷。因球墨铸铁的含碳量相对较高，石墨化膨胀力较大，浇注前应注意卡箱，以免抬箱。同时，球墨铸铁容易形成二次氧化渣，需平稳浇注，不许出现流股分散现象。

可锻铸铁的含碳量、含硅量都较低，液相线的温度比灰铸铁高，凝固范围大，流动性差，液态收缩明显，易产生缩孔、缩松和裂纹。生产中除按顺序凝固的原则进行工艺设计外，可适当提高浇注温度，放慢浇注速度，从而一面提高铁液流动性，一面边浇注边补充高温铁液，减少缩孔的倾向。当然，提高浇注温度和放慢浇注速度，都必须以保证铸件的质量为前提。

四、剩余合金液的处理

剩余合金液的处理，包括浇注结束时剩余的合金液以及化学成分和温度不合格的合金液的处理。从熔炉中流出的头批合金液和每包浇注结束后的剩余合金液，因温度较低，容易使铸件产生浇不足等铸造缺陷。这些剩余合金液可在不影响铸件质量的前提下，用来浇注质量要求不高、没有材质要求的简单、厚大铸件或芯骨。否则，应浇注在事先刷过涂料、经烘烤的锭模内或干砂坑中、干砂模内。用电炉熔炼或双联熔炼的可以将剩余铁液倒回炉内重熔，但要注意不同铁液材质的区别使用。不应该随地乱倒，更不应该倒在湿地上、积水处，导致合金液飞溅。

有色金属严禁直接回炉重熔，以免造成合金氧化、吸气和晶粒粗大，降低材料的力学性能。

技能要求

利用手端包浇注

一、工作准备

1. 手端包修捷与干燥

手端包一般修成茶壶嘴式以便于挡渣。刚修砌好的浇包衬，含有大量的水分，必须经过烘烤、失水，以提高包衬的强度和耐蚀性。否则，高温金属液进入浇包后，便有大量的气体析出。这样，不但大大降低了合金液的温度，而且气体侵入液态合金，又会出现沸腾甚至爆炸现象，以致铸件产生气孔。

小型浇包可倒放在带火眼的烘烤炉上烘烤，如图 3—13 所示。烘烤前，浇包应自然干燥 4 ~ 8 h，使表面的水分自然蒸发，在包衬的表里产生湿度差，让包衬内部的水分经毛细管逐渐向表面迁移。烘烤一开始，应缓慢地加热一定的时间，让包衬的表面和内部的温度差逐渐缩小并趋于一致，这样，水分将迅速由湿度大的内部向包衬表面迁移。然后，再逐渐增加温度，使其达到 500 ~ 700℃。

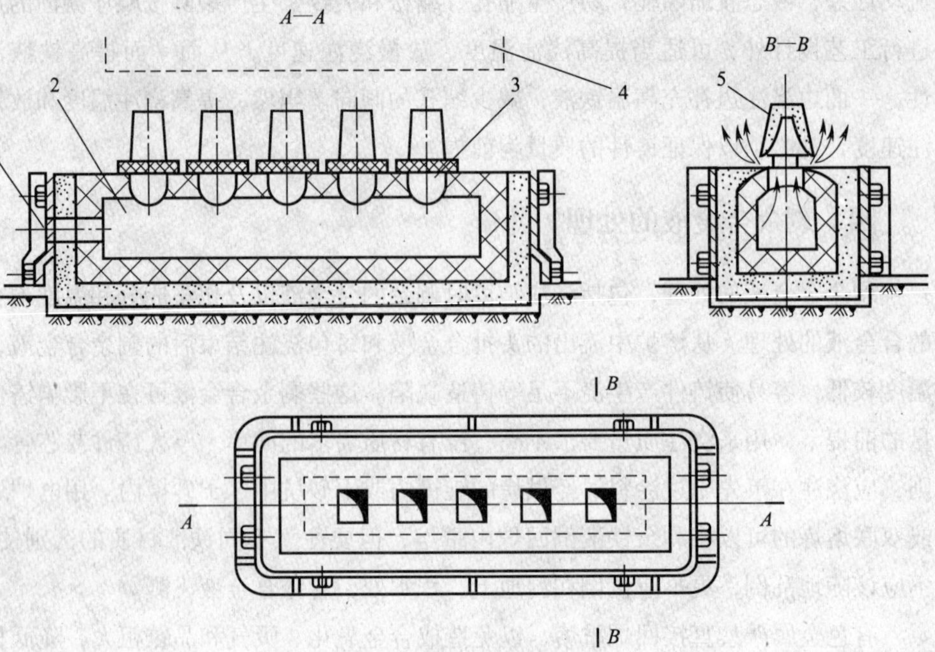

图3—13　浇包在烘炉上烘烤

1—燃料口　2—燃烧室　3—火眼　4—排气罩　5—浇包

2. 准备浇注工具

浇注工具是指浇注过程中用的渣耙、渣勺、挡渣钩、挡渣棒、样勺等直接与高温金属液接触的常用浇注工具，使用前必须去除其表面氧化皮和其他杂质，并清除油污、烘干水分等。去除了杂质后的这些工具还应刷涂料、烤干。

3. 简单铸件质量计算及铁液量的目视判断

这是确定浇包容量及单包还是多包浇注的依据，需要有一定的经验积累。

4. 压铁

浇注过程中砂型的上半型受到金属液综合向上的压力及抬箱力的作用，只有采用压箱或锁紧砂箱等措施，才能防止铸件胀砂、变形甚至抬箱跑火。有些生产方式采用脱箱造型或机器造型铸型没有箱带，为了防止铸型在铁液浮力作用下变形、抬起，必须在浇注前放置压箱铁。

5. 浇注前的检查

浇注前应熟悉工艺文件，并进行铸型的检查、浇注设备和工具的检查、浇注通道的检查以及组织和安全工作的检查。

二、工作程序

1. 双手一前一后握住浇注包包杆，至浇注中转包处，从浇注中转包中平稳地

将金属液接至浇注包中。

2. 当金属液达到浇注质量要求时，将浇包端至浇注铸型位置，行走时将盛有金属液的浇包置于身体后部。

3. 到达浇注铸型位置，扒掉金属液表面的浮渣。

4. 以大腿部作为支撑，将浇包嘴对准浇口杯，倾转浇包使金属液进入直浇道。

5. 浇注时使金属液流由小到大，当金属液快充满铸型时再变小，直至金属液充满型腔。

6. 移动浇包，浇注下一铸型。

7. 倒掉包内剩余金属液。

8. 再去浇注中转包处接金属液，进入下一浇注循环。

三、注意事项

1. 手端包一定要充分干燥，否则，会发生金属液沸腾，使金属液含气量增加，容易造成烫伤。

2. 浇包中的金属液不能太满，或手和身体距浇包不能太近，避免金属液溢出烫伤自己或他人。

3. 浇注时，切忌时快时慢、断断续续，必须保证金属液流连续、平稳地充型，并且使浇口杯始终保持充满状态。这样，偶尔进入浇口杯中的熔渣就会浮在液面上，不被带入铸型。

4. 浇注开始和收包时，应采用连续细流，防止涡流产生或出现金属液飞溅、溢出，并减少抬箱力。

学习单元2 扒渣、挡渣及引火

学习目标

➤能使用除渣剂及除渣工具除渣、挡渣，学会引火

➤能制取炉前分析试样

知识要求

夹渣是铸件常见的缺陷之一。铸件有了夹渣，冲击韧性大大下降，承受冲击载

荷较大的零件可能出现断裂，耐压零件可能出现渗漏，耐磨零件的耐磨性可能会大大降低。因此，浇注前，必须将浮在金属液表面的渣清除掉，并在金属液表面抛撒聚渣剂以防止熔渣随金属液流入浇注系统，或采取其他挡渣措施严防渣进入型腔。

铸铁在熔炼过程中，产生一些密度小于铁液的夹渣物，它们一般以化合物和氧化物的形式存在，如硫化亚铁、硫化锰、氧化铁、氧化亚铁、二氧化硅、氧化钙、氧化锰、氧化镁、三氧化二铝、硫化镁等，这些夹杂物就是炉渣的主要成分。

炉渣主要来源于炉料；其次是熔化过程中炉衬的侵蚀，浇包衬料被灼热的合金液侵蚀，合金液与空气作用发生氧化产生的氧化物等；再次是铁液冲刷铸型的造型材料及涂料等形成的熔渣。用来挡渣的聚渣剂如果随金属液流入型腔也是造成渣孔的原因。

由于造型材料中含有有机物质，这些有机物质在高温金属液的作用下挥发或分解成可燃气体，一部分进入铸型空腔并从冒口溢出，一部分通过铸型骨料的间隙外溢到铸型的上下、四周。如果不及时将这些气体点燃，可燃气体有可能发生爆燃，造成安全事故或震坏铸型使铸件产生缺陷。可燃气体中还含有一氧化碳等有害气体，如通风不畅，积累一定浓度后会造成人员中毒。

技能要求

扒渣、挡渣、引火、制取炉前分析试样

一、工作准备

1. 准备扒渣耙、除渣钩、挑渣铁棍或铁管、撒聚渣剂用勺、取样勺、铁钳、光谱试样模、水槽等工具。

2. 准备聚渣剂、样杯、三角试片模等消耗材料。

二、工作程序

1. 扒渣

向浇包出铁嘴相反的方向倾转浇包至合适角度，向包内的金属液面抛撒聚渣剂，搅拌，使聚渣剂与熔渣结合在一起，用扒渣耙或铁棍将熔渣及聚渣剂去除。一次去除不净时可重复多次，直至除净为止。

2. 取样

用取样勺舀取不少于2 kg的铁液，浇注光谱分析试样及三角试片和CE仪样

杯。光谱试样凝固后马上打开模样取出试样，试样把手向下蘸水冷却。三角试片凝固后厚端向下蘸水，缓慢冷却至常温后砸断，观察断口。CE 仪测量结束后取下样杯。

3. 挡渣

倾转浇包至合适角度，去除包嘴周围的熔渣，向包嘴附近的液面抛撒聚渣剂。也可以用其他耐火材料制成拦渣装置，配合聚渣剂一起阻止熔渣进入浇注系统。

4. 引火

浇注过程中从铸型四周及上下逸出的气体，应立即将其引燃。

三、注意事项及要点

1. 聚渣剂要抛洒均匀、适量。如果聚渣剂随金属液流入型腔会造成更大的渣孔，所以，浇注完上一铸型发现聚渣剂层已不完整时要再造挡渣层。

2. 扒渣工具要干燥，用铁管除渣时管口不要对着人，也不要用手堵住管口。

3. 取样时样勺要深入金属液面以下 10 cm 舀取，样勺内部涂料不可用碳基涂料，样勺的烘干也要充分。

4. 三角试片砸断前要将表面的水擦干，以免影响断口的观察。

5. 浇光谱分析试样时金属液面要稍低于模型上表面，不要溢出。

6. 铸铁的光谱试样浇注后要尽快打开样模，避免因试样收缩受阻造成断裂。

7. 浇 CE 仪样杯的铁液量以在样杯内容积高度的 9/10 为宜。

8. CE 仪测量结束、显示数据后，尽快将样杯从杯座上取下，否则杯座长期受热氧化后会影响导电率，致使测量数据失准。

9. 引火要充分，在引燃冒口的气体时不要将砂子碰进铸型内。

10. 浇注引火时不要离铸型太近，以免铸型跑火时烫伤。更不要直接从冒口上方观看铸型内的状况，避免从铸型内飞溅出的金属液伤人。

第4章 铸件后处理与检验

第1节 铸件的清整

学习单元1 铸件的开箱和落砂

学习目标

➢了解铸件的冷却与开箱的关系

➢掌握铸件的落砂方法

知识要求

一、铸件的开箱

铸型经浇注金属液后，需要一个凝固、冷却的过程，铸件才能成型。打开砂箱，将铸件从铸型中取出的过程称为开箱。

二、铸件的冷却时间与开箱的温度

浇注后的金属液，要在铸型中产生一系列化学、物理、金相组织等变化。由于

化学成分、铸件结构、冷却速度、生产条件的不同，使铸件产生不同的应力，如果控制不好会产生变形、裂纹（热裂、冷裂）等缺陷。

为了防止铸件在浇注后因冷却速度过快而产生变形、裂纹等缺陷，保证铸件在清砂时有足够的强度和韧性，铸件在型内应有足够的冷却时间。

铸件在型内的冷却时间是根据开箱时铸件的温度来确定的。一般铸铁件为 250 ~ 500℃，易产生冷裂与变形的铸铁件为 200 ~ 300℃，生产流水线上的铸铁件，由于件小和生产节拍的因素，一般开箱温度为 600 ~ 800℃；一般铸钢件应在砂型内冷却到 250 ~ 450℃落砂，高于 450℃时震动落砂可能引起铸件变形与裂纹；非铁合金铸件的出型温度，一般在 100 ~ 300℃，形状简单、壁厚均匀、热裂倾向小的合金（如 Al - Si 合金）取上限，形状复杂、壁厚不均匀、热裂倾向大的合金（如 Al - Cu 合金）取下限。

三、铸件的开箱时间

铸件的开箱时间一般指从浇注结束至开箱时的时间，也就是铸件在砂型中的冷却时间。铸件的开箱时间与型砂的工艺、铸型的工艺和冷却条件、铸件开箱的温度有关。不同铸件在砂型内的冷却时间参考值见表 4—1、表 4—2、表 4—3。

表 4—1　　中、小型铸铁件在砂型内的冷却时间

铸件质量（kg）	<5	5 ~ 10	10 ~ 30	30 ~ 50	50 ~ 100	100 ~ 250	250 ~ 500	500 ~ 1 000
铸件壁厚（mm）	<8	<12	<18	<25	<30	<40	<50	<60
冷却时间（min）	20 ~ 30	25 ~ 40	30 ~ 60	50 ~ 100	80 ~ 160	120 ~ 300	240 ~ 600	480 ~ 720

注：1. 壁薄、质量小、结构简单的铸件，冷却时间取小值；反之，取大值。

2. 树脂砂铸件冷却时间需增加 1 ~ 2 倍。

表 4—2　　大型铸铁件在砂型内的冷却时间

铸件质量（t）	1 ~ 5	5 ~ 10	10 ~ 15	15 ~ 20	20 ~ 30	30 ~ 50	50 ~ 70	70 ~ 100
冷却时间（h）	12 ~ 36	36 ~ 60	60 ~ 72	72 ~ 96	96 ~ 120	120 ~ 192	192 ~ 264	264 ~ 384

注：1. 黏土砂地坑造型时，铸件冷却时间需增加 30%。

2. 树脂砂铸件冷却时间需增加 1 ~ 2 倍，质量小的取上限。

表 4—3　　中、小型铸件在生产流水线上浇注时的砂型内冷却时间

铸件质量（kg）	<5	5 ~ 10	10 ~ 30	30 ~ 50	50 ~ 100	100 ~ 250	250 ~ 500
冷却时间（min）	8 ~ 12	10 ~ 15	12 ~ 30	20 ~ 50	30 ~ 70	50 ~ 100	70 ~ 150

注：1. 铸件质量指每箱中的总质量。

2. 铸件在生产流水线上常采用强制通风冷却，且开箱温度较高，因此，冷却时间较短。

四、铸件的落砂

铸件的落砂是指用手工或机械使铸件和型砂、砂箱分开的操作过程。

1. 手工落砂

当铸件在砂型中冷却到250～450℃时，拆除紧固砂箱的螺栓、箱卡、压箱铁、浇冒口圈等，小型铸件用手工抬起上箱，大中型铸件用起重吊车（有些工厂称为行车或天车）把上箱吊起，必要时，可用大锤敲打，使砂箱内的型砂很快从砂箱内脱落，然后将上箱移至一旁，放在砂箱存放处待用，依次提走中箱（若采用三开箱时）。当铸件暴露在下箱上以后，用钢钎或风铲钎头铲去铸件上的大砂块，把铸件支空放置，去除能敲掉的浇冒口，不能敲掉的浇冒口则保留，用钎头捣去砂芯，取出芯骨或骨架，把铸件取出集中堆放，等待进一步清理。最后吊起下箱，捣去下箱内砂块，将砂箱集中堆放整齐，等待下一个造型操作过程。

2. 机械落砂

常见的落砂机有机械振动落砂机、滚筒式落砂机。

（1）机械振动落砂机

常用的有偏心振动落砂机、惯性振动落砂机、惯性双轴振动落砂机等。因驱动方式和激振器的结构形式不同，型号多种多样，广泛适用于小型或中大型铸件的落砂。对于重大型铸件的落砂，可以采用多台落砂机组合的方法进行。如图4—1所示是ZL1系列振动电动机惯性落砂机。

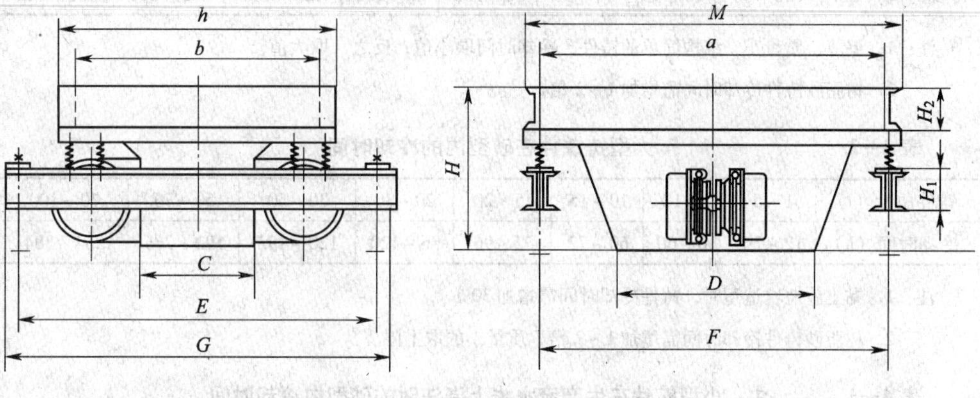

图4—1　ZL1系列振动电动机惯性落砂机

（2）连续式滚筒落砂机

连续式滚筒落砂机（见图4—2）具有连续性和效率高的特点，适于黏土砂生产流水线上的使用。其工作原理是：脱去砂箱的铸型与铸件一同进入滚筒体内，随

筒体旋转到一定高度时，靠自重落到筒体下方，在相互间的不断撞击和摩擦作用下，使型砂从铸件表面脱离，并顺着导向螺旋片方向前进，到达筒体栅格处，型砂在栅格处漏至滚筒夹层内，使型砂与铸件分离开来。在滚筒出口处，型砂落入旧砂回收带，进入旧砂回收系统；铸件通过其他方式（如鳞板输送机）送至铸件清整工序。

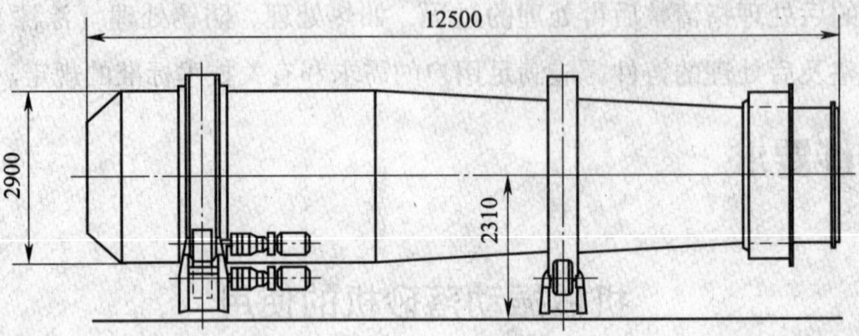

图 4—2　连续式滚筒落砂机

五、铸件的清整和后处理

1. 铸件的清整

开箱、落砂后的铸件表面还附着一层砂子，铸件还连接着浇冒口，铸件表面还有粘砂、飞翅、毛刺等其他附着物，这些砂子、浇冒口及其他附着物的清除和铸件表面的整理就是铸件的清整工作。

铸件的清整是铸造生产的最后一道工序，一般指铸型的开箱至铸件成品检验前的工序。主要包括如下步骤：

（1）落砂

一般指开箱（有箱砂型铸造）、脱箱（无箱砂型铸造）、落砂的全过程。

（2）清理

一般指清除铸件表面的型（芯）砂和清除铸件本体以外的金属，如浇注系统、冒口、金属补贴、拉筋以及铸件表面缺陷（粘砂、飞翅、毛刺等）。

（3）清整

一般指从铸件的清砂至清整铸件表面（喷丸、抛丸、打磨）、质量检验（初验）、铸件缺陷的修补和返修，直至铸件的表面和内腔满足用户要求。

20 世纪 70 年代前，我国铸造界惯于将铸件“后处理”统称为“清理”，这里的“清理”是广义的概念。当时的铸件生产以黏土砂为主，中小企业多数以手工为主，对铸件的表面清整重视程度不够，除大的企业和整机厂的铸造车间外，很少使用喷丸、抛丸、打磨方法。20 世纪 80 年代后，随着时代发展的需要，对铸件的表面质量有了新的要求，提出了“铸件是产品，不是毛坯”这一新的理念。提高

了对铸件表面质量的重视程度，在铸件清理的基础上，增强了铸件表面的清理，加强了对喷丸、抛丸、打磨、铸件缺陷的修补和返修等工序的重视，使我国铸件的表面质量从整体上有了很大的提高，达到或接近世界先进水平。

2. 铸件的后处理

铸件的后处理指清整后再处理的过程，如热处理、防锈处理（涂漆）、质量检验。经清整及后处理的铸件，应满足用户的需求和有关技术标准的规定。

技能要求

机械振动落砂机的使用

一、工作准备

1. 首先手工拆除定位或紧固铸型的装置（螺栓、箱卡）、压铁、浇冒口圈等。

2. 开机前检查落砂机各零部件是否正常。

二、工作程序（中大型铸件的落砂）

1. 启动除尘设备。认真按操作规程要求进行除灰（或抖灰）处理，以保证除尘设备工作正常及除尘效果。

2. 启动旧砂回收系统。按操作规程要求顺序启动斗式提升机、旧砂再生系统（树脂砂的旧砂再生系统有砂调温机、再生机、筛砂机、破碎机、悬挂磁选机、振动送砂给料机等）、旧砂回收系统（黏土砂的旧砂回收系统有旧砂冷却装置、筛砂机、旧砂破碎机、悬挂磁选机等）、电磁滚筒、旧砂回收带等。

3. 启动落砂机，认真听设备的运转声音，确认设备工作正常。

4. 用起重吊车（有些工厂称为行车或天车），将砂箱（连同铸型和铸件一起）吊运到落砂机的振动栅格上。

5. 落砂机对砂箱和铸件产生振动和冲击，进行落砂操作（黏土砂小件自动生产线采用连续式落砂滚筒）。

6. 落砂后先将上箱（和中箱）吊走。砂箱吊起时，若砂箱内还有砂块，可用大锤敲打振动砂箱，或用钢钎撬掉砂块。落砂后的上箱（和中箱）应吊至砂箱存放处待用。

7. 用钢钎撬去铸件上的砂块，捣去砂芯，取出芯骨或骨架。然后用起重吊车

将铸件吊离落砂机（利用铸件的浇冒口或铸件的凸出处挂钩）。铸件吊起时，若还有砂块，可用钢钎撬去。把铸件吊至铸件存放处（或过渡台车上，或铸件存放斗中）等待下一步清理。

8. 用钢钎撬掉砂块，将下箱吊走，放置在砂箱存放处或指定地点。砂箱要码放整齐待用。

三、注意事项

1. 铸件和砂箱的总质量应不超过落砂机规定的负荷。

2. 不同砂型的铸件应分别落砂，防止各种型砂混用。

3. 及时清除阻塞在落砂机栅格上的铁块及砂团，以防止砂箱或壁薄复杂铸件被振坏。

4. 严格遵守安全操作规程。特别是吊挂砂箱和铸件时，一定要吊挂牢靠，保证安全生产。

学习单元 2　铸件浇冒口的去除

学习目标

➢了解铸件浇冒口去除的方法和种类

➢掌握手工去除铸件浇冒口的方法

知识要求

去除铸件的浇冒口，首先要保证铸件的完好，不能带肉或损伤铸件。铸件的大小、材质不同，其浇冒口的去除方法也有所不同。

一、去除浇冒口方法的分类

铸件的浇冒口、飞翅、毛刺的去除方法有以下几种。

1. 锤击敲断法（手工使用工具砸掉浇冒口的方法）。

2. 机械冲、锯、切法（使用专用机床去除浇冒口的方法）。

3. 电弧气刨法。

4. 氧弧熔断棒切割法。

5. 氧—乙炔焰气割法。

6. 液压分离法。

二、浇冒口去除方法的特点

1. 锤击敲断法

锤击敲断法是指操作者使用锤子或大锤将浇冒口直接砸掉的方法。锤击敲断法的特点如下：

（1）手工操作，效率低。

（2）不需要机械设备，成本低。

（3）工具简单，操作灵活。

（4）操作时应特别注意锤击方向，如果操作不当会使铸件产生带肉缺陷。

锤击敲断法因不需要机械设备，工具简单，操作方便灵活，使用很广泛，特别适合于中小型企业单件小批生产的应用，但不适用于铸钢件和铜合金铸件。对于铸铁件及部分有色合金铸件的易折断浇冒口，均可采用锤击敲断法直接去除。

2. 机械冲、锯、切法的特点

（1）需要专用的冲、锯床。适用范围小。

（2）机械操作，效率高。

（3）断根平整光洁，打磨量小，减少后面清整的工作量。

主要用于批量生产的中小型可锻铸铁件、球墨铸铁件，特别适用于有色合金铸件。一些小企业，铜合金铸件常采用手工锯断浇冒口的方法：断口小，且铜屑可回收，节约成本；不需要机械设备，投资少；手工操作，简便灵活；断根平整，精整量小。

3. 电弧气刨法

电弧气刨又称碳弧空气切割，使用电弧气刨机切割浇冒口。其原理是利用碳电极与铸件间产生高达6 000 ~7 000℃的高温电弧来熔化金属，并用压缩空气流将熔化的金属液吹除，以达到切除铸件浇冒口的目的。对去除飞翅、毛刺和冒口残根的效果尤佳，也可切割焊接坡口。主要适用于铸钢件、球墨铸铁件和高强度铸铁件。

电弧气刨时，铸钢件通常采用反接法，即铸件接负极，碳电极棒接正极；铸铁及非铁合金采用正接法。刨削电流强度过大易使铸钢件发生切边渗碳，铸铁件形成过深的白口层。刨削速度控制在600 ~700 mm/min，压缩空气压力为0.5 ~0.6 MPa，电弧长度取0.5 ~1 mm，以碳电极棒不顶到金属液或未熔化的金属为限。

操作应注意以下几点：切割处的粘砂应清除干净，铸件要放置平稳；切割过

程中应始终保持均匀的切割速度；在调整碳棒伸出长度或更换新碳棒时，应在尚未切割的毛刺或飞翅的根部起弧，以免烧伤铸件表面。

4．氧弧熔断棒切割法

氧弧熔断棒切割法是引进国外先进技术生产的理想铸件清理工具，见图 4—3。

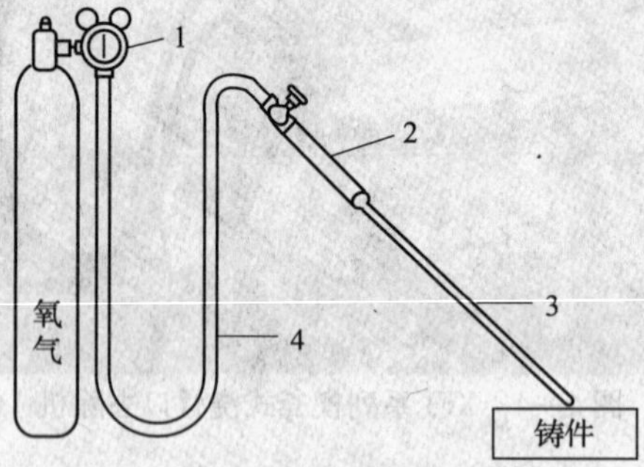

图 4—3　氧弧熔断棒切割机构简图

1—氧气表　2—把手　3—氧熔棒　4—氧气胶管

（1）原理

氧弧熔断棒在氧气助燃下，产生 3 600℃的高温，可迅速熔断和切割金属铸件的浇冒口和厚大毛刺等。

（2）应用范围

1）清理各种铸件的浇冒口、披缝、毛刺、粘砂、包砂、夹砂、铸件内孔粘砂和堵塞等。对于粘砂特别严重的铸件，采用氧弧熔断棒法进行清除，效果比传统方法好。用氧弧熔断棒清理合金钢、不锈钢和非铁合金铸件的冒口时，切割直径可达到 1 000 mm以上。清理 ϕ100 mm、深 1 000 mm 的铸件内孔粘砂时，一般只需10 ~ 20 s。

2）清理熔炼炉风眼、出铁口、出钢口、过桥堵塞等，比传统方法更有效。清理冲天炉过桥堵塞时，一般只需 30 ~ 60 s。

（3）使用特点

1）操作简单、方便、安全，大大减轻了工人的劳动强度，可提高效率 5 倍以上。

2）操作过程中没有噪声、振动、弧光和污染。

3）不需要热源，每根熔棒均可插接，没有浪费。

4）对铸件清理干净、彻底、快速，不伤铸件本体。

5．液压分离法

利用液压的原理，液力驱动液压缸，液压缸驱动楔形钳产生向外扩张力。将楔形钳插放在铸件与浇冒口之间，按动启动（工作）按钮，其楔形钳头产生的向外扩张力，将铸件与浇冒口分离开来。适用于铸铁小件、有色合金铸件。特别适合于生产线

上使用，灵活、省力、方便。如图4—4所示为XFJ系列楔斧式浇冒口去除机。

图4—4　XFJ系列楔斧式浇冒口去除机

技能要求

手工去除浇冒口

一、工作准备

1. 准备好大锤，锤的大小规格视铸铁件和浇冒口的大小而定。较大铸铁件的浇冒口大，使用大锤；较小铸铁件的浇冒口小，使用小锤。

2. 将铸铁件放置在便于清除浇冒口的位置。

二、工作程序

1. 操作者位于铸铁件侧面，两腿分开站稳，双手紧握大锤或单手紧握小锤。

2. 挥起大锤，用力使大锤向铸铁件的浇冒口砸去，将浇冒口砸掉。

3. 锤击浇冒口的方向如图4—5所示，应向铸铁件内侧敲击，以防铸铁件产生带肉缺陷。

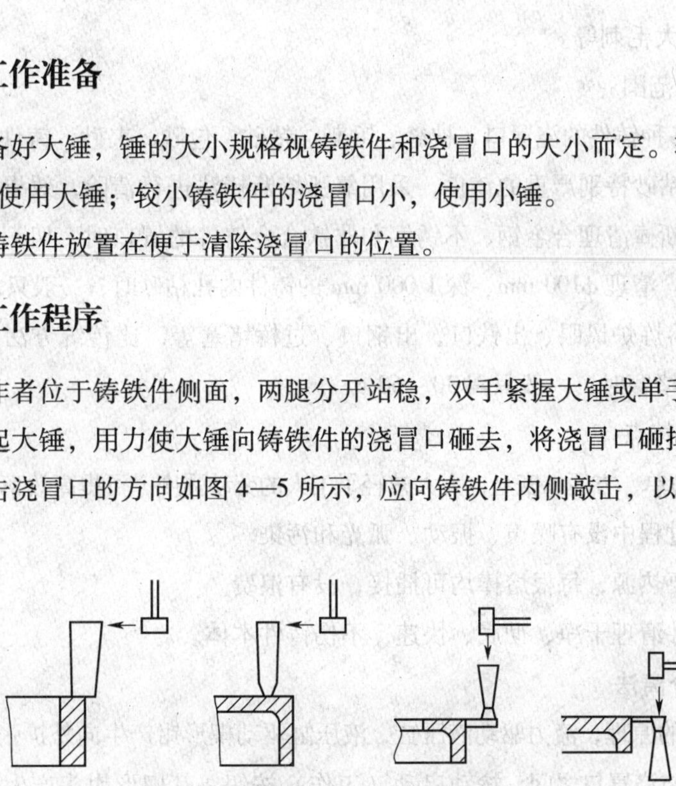

a)　b)　c)　d)

图4—5　锤子敲击浇冒口的击点和方向

4. 对于浇冒口根部较大的铸铁件，应使用角向磨光机在浇冒口根部磨出缺口，然后再用锤击，以防将铸铁件砸坏或产生带肉缺陷。

三、注意事项

1. 注意锤击方向，以免产生带肉缺陷。
2. 避免用力过猛或砸空而损伤腰部。
3. 注意安全。

学习单元3　氧—乙炔焰切割法去除浇冒口

学习目标

➤掌握氧—乙炔焰切割法去除浇冒口的操作技能

知识要求

一、氧—乙炔焰切割法原理

它是利用可燃气体乙炔，在氧气的助燃和高压下，产生高温和高压气流，将熔融的金属液吹除，达到切除浇冒口的目的。

二、氧—乙炔焰切割法作用

主要用于切割铸钢件的浇冒口、补贴、工艺肋、飞翅和毛刺，也可用于切割球墨铸铁和合金铸铁大件的冒口。

三、热割冒口

由于中碳钢大铸件、高碳钢铸件和某些合金钢铸件、冒口尺寸较大及结构复杂的铸件，在热处理前由于铸件内部存在较大的应力，切割冒口时容易产生裂纹，因此，需要采用热割冒口工艺，一般温度要在200℃以上（不同的合金钢种对热割冒口的温度要求有所不同）。

对碳钢和某些合金钢，冒口直径小于500 mm时不必热割，冒口直径大于500 mm

时需热割。一般可利用落砂后铸件本体的余热或局部加热的方法热割，齿轮铸件需全部进行热割冒口。

四、基体

基体为马氏体或马氏体—铁素体组织的高合金钢铸件需热切割冒口，通常应在热处理后热切割，热切割后回火。

五、冒口切割量

1．为避免因切割而在接近冒口根部的铸件上产生裂纹，允许切割后的冒口残留一定的高度。冒口的切割余量见表 4—4。

表 4—4　　冒口切割余量　　mm

冒口直径或宽度	切割余量
<100	3
100 ~ 200	5
200 ~ 300	8
300 ~ 400	10
400 ~ 500	12
>500	15

2．切割余量在切割后再进行修整，如果冒口在非加工面上，应修整到与铸件表面齐平，以保证外观质量；如果冒口在加工面上，应修整到 5 mm 以下。

六、热割的冒口或切割后易产生裂纹的冒口

冒口切割后应进行裂纹等缺陷的去除，如采用电弧气刨（又称碳弧空气切割）切割应加热到 300℃以上进行，缺陷去除后进行正火（1 030℃）+回火（730℃）热处理。

七、高锰钢的切割

高锰钢的导热性差，切割冒口时热量不易散发，使切口附近的温度过高，易产生裂纹。水韧处理前切割较大的冒口和飞翅、毛刺时，切口要离开本体 50 mm 以上。不影响装炉的大冒口，可在水韧处理后切割，边切割边浇水冷却。

技能要求

切　　割

一、工作准备

1. 氧气瓶和乙炔瓶应远离切割位置；有条件的，应采用输送管道。

2. 检查乙炔发生器和回火保险器是否正常。

3. 检查乙炔气管和氧气管是否有漏气现象。

4. 检查割炬和割嘴是否正常。

5. 检查被切割铸件的冒口根部、补贴、多肉、飞翅、毛刺等部位是否清理干净。

6. 切割前将铸件垫平，铸件下面应留出一定的空间，以利于氧化渣的吹除。

7. 调整乙炔和氧气的工作压力。乙炔的工作压力以小于 0.029 MPa 为宜。氧气的工作压力与冒口直径有关，当冒口直径小于 500 mm 时，氧气工作压力大于 0.59 MPa；当冒口直径为 500 ~ 1 000 mm 时，氧气工作压力大于 0.98 MPa；当冒口直径大于 1 000 mm 时，氧气工作压力大于 1.18 MPa。

二、工作程序

1. 操作者应穿好工作服，戴好眼镜和手套，拿好引火具和割炬，坐在待切割铸件前，挡好遮挡板。加遮挡板的目的是防止操作者被飞溅的氧化渣烧伤，同时注意飞溅氧化渣的方向，防止其他人被飞溅的氧化渣烧伤。

2. 点火。在割炬嘴处点好引火，慢慢拧动割炬上的乙炔气阀门，小火点燃乙炔气。点火时注意要让火等气，不要先给乙炔气后点火。

3. 拧动割炬上的乙炔气和氧气阀门，调整火焰和锋线。

4. 割炬嘴对准待切割铸件的冒口根部，根据冒口根部的厚度调整火焰长度，对其进行预热。

5. 切割补贴时，要事先了解铸件的形状和切割位置，避免产生切割缺肉的缺陷。

6. 当被切割部位预热到能够在氧气流中熔化的温度时，拧动割炬上的氧气阀门，加大氧气压力，开始切割。

7. 冒口应一次切割完，不得中途停顿。在切割过程中，氧气压力不应降低。

8. 铸件的工艺拉筋应在退火处理后去除。

9. 采用单枪法切割大冒口时，如不能一次切透，可采取分块法或推磨法进行切割，如图4—6所示。

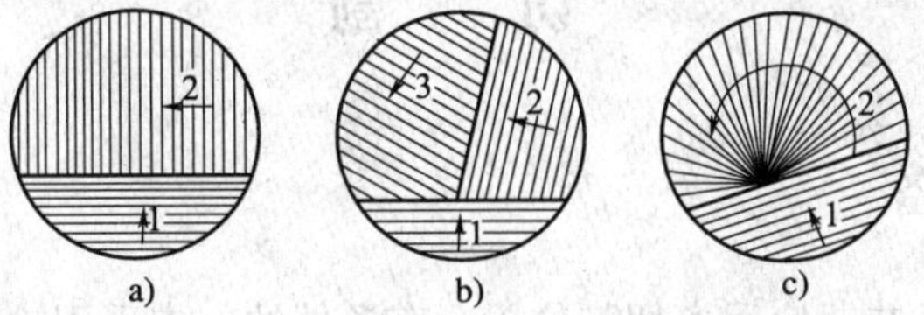

图4—6　单枪法切割大冒口示意图

a）分两块切割　b）分三块切割　c）推磨法切割

10. 需要热割的冒口，切割前，应将冒口或连同铸件和冒口一起，加热至所需要的温度，进行热割。热割后应将冒口留在原位保温24 h后才能吊走，也可将铸件送进热处理炉缓冷或热处理；如果冒口直径较小，可在切割面上覆盖石棉、干砂等进行保温缓冷，禁止用冷风吹冒口部位。

三、注意事项

1. 切割完成后，应将乙炔和氧气的阀门关闭（包括管道阀门和割炬阀门），将乙炔和氧气管盘好，与割炬一起挂在固定位置，以备下次使用。

2. 发生回火现象时，应及时关闭氧气或乙炔阀门，以防止发生爆炸事故。

学习单元4　铸件的表面清整

学习目标

➢了解铸件表面清整的方法

➢掌握铸件表面清整操作技能

知识要求

一、铸件表面清整方法的分类

铸件经落砂、清砂、清除浇冒口后，还需要对铸件表面的砂子进行清理，对铸

件表面的缺陷进行修补、打磨、抛丸（喷丸）等处理，这一处理过程就是铸件表面的清整过程。

铸件表面清整方法的分类如下：

1. 手工或半手工清理。

2. 采用滚筒清理机清理。

3. 喷丸（砂）表面清理。

4. 抛丸表面清理。

5. 砂轮机表面清理。

二、手工或半手工清理

手工清理就是利用普通工具，钢钎或锉、錾、锤等清理铸件表面；半手工清理则利用风铲、固定式砂轮机、手提式砂轮机（电动式或气动式）、悬挂式砂轮机等简单工具清理铸件表面。

其特点为：手工或半手工操作，生产效率低，劳动强度大，劳动条件差；但手工操作生产灵活，不需要大型设备，投入少，成本低，适于单件小批生产。目前一些生产中低档铸件的小企业，仍然以这种清理方法为主；对于采用喷抛清理为主的高质量要求铸件，也离不开半手工操作的清理方法来辅助清理。

三、滚筒清理机清理

滚筒清理机的形状有圆形、方形、六角形、八角形。生产中常用的形状有圆形（Q11 系列滚筒清理机）、六角形（Q168 系列滚筒清理机）。

1. 滚筒清理机的工作原理

将铸件和星铁一起装入滚筒内，利用铸件与铸件之间、铸件与星铁之间的撞击和摩擦，来达到去除铸件表面的粘砂和氧化皮的目的。

2. 滚筒清理机的特点

滚筒清理机采用间歇式作业，其结构简单，造价较低，使用时不需要钢（铁）丸，所以一次性投入少，使用费用低。但是，其噪声大，粉尘大，效率不高。滚筒清理机清理适合用于不怕碰撞的小型铸件。

3. 滚筒清理机的操作要点

（1）滚筒内铸件的装入量通常为滚筒容量的 70% ~ 80%，以便于铸件翻滚和相互摩擦撞击。铸件装入量不宜太少，以免滚动时铸件因落下高度太高而被砸坏。

（2）为了提高清理效果，须加入 10% ~ 20% 尺寸为 20 ~ 60 mm 的白口星形铸

铁或碎白口铸铁。

（3）装完铸件后，应注意把滚筒盖盖好，将锁紧器锁紧，方准开机。根据铸件的大小、复杂程度和铸件表面的粘砂状况，确定清理时间。一般清理时间为30～50 min。

（4）铸件清理完毕，关闭电动机后，用制动器使滚筒停止旋转，滚筒口应停在适于取出铸件的位置，插上保险销。然后打开筒盖，检查铸件是否清理干净，如果已清理干净，则出料，将铸件与星铁分开，否则重新盖上筒盖继续清理。

四、喷丸（砂）表面清理

1. 喷丸清理的工作原理

利用压缩空气，将喷丸器内的钢（铁）丸高速喷射到铸件表面，打掉铸件表面的附着物，达到清理的目的。

常用的喷丸清理设备有转台式喷丸清理机、台车式喷丸清理室、大型台车式喷丸清理室。

表面清理用的钢丸或铁丸的粒度一般为1～3 mm。喷丸粒度小，则铸件清理后的表面粗糙度值小，但喷射冲击力小，清理时间长；喷丸粒度大，则铸件清理后的表面粗糙度值大，喷射覆盖率低。一般选用1.5～2.5 mm的喷丸比较合适。清理过程中喷丸会破碎消耗，应及时补充新丸。

2. 喷砂清理的原理

喷砂清理的原理与喷丸清理的工作原理相似，用各种质地坚硬的砂粒代替金属丸清理铸件。

喷砂清理设备简单、投资少，且操作方便，效率高，清理效果较好，铸件表面粗糙度值小。

喷砂清理多用于非铁合金的表面清理。对于铸铁件主要用于清除其表面的污物和轻度粘砂。

五、抛丸表面清理

抛丸清理的原理是利用抛丸器中叶轮的高速旋转，产生的强大离心力，将铁丸或钢丸高速抛向铸件表面，以清除其铸件表面的粘砂和氧化皮。

1. 抛丸清理设备的分类

抛丸清理设备的种类繁多，按结构特点大致可分为滚筒式抛丸清理机、转台式抛丸清理机、履带（铁质或橡胶质）式抛丸清理机、悬链式抛丸清理机等。此外

还有鼠笼式抛丸清理机、转台式抛丸清理室、吊钩式抛丸清理室、喷抛丸联合清理室等。

2. 几种常用典型抛丸清理设备

（1）滚筒式抛丸清理机

滚筒式抛丸清理机以转动的圆筒作为铸件的运载装置。其工作原理是利用抛丸器将弹丸抛向滚筒内不断翻动的铸件，从而达到清理的目的。滚筒式抛丸清理机有水平式和倾斜式的，又有连续作业和间歇作业之分。目前国内应用最多的是间歇作业水平滚筒式清理机，如 Q3110、Q3113 系列。

（2）履带式抛丸清理机

履带式抛丸清理机（见图 4—7）适用于可以被翻滚的中小型铸件。这种机器以连续运转的履带作为铸件的运载工具，使铸件在机内弹丸覆盖区内不断地进行翻滚，接受上方抛丸器的弹丸抛射，以达到对铸件表面清理的目的；抛丸后的丸砂混合料通过履带上的小孔流入螺旋运输机，经斗式提升机提升到丸砂分离器进行处理。

铸件清理结束时，履带作反向运转，铸件从清理机中卸出。

通常这种抛丸清理机的履带是高锰钢所制。有的小型履带式抛丸清理机采用橡胶履带。目前生产中应用的履带式抛丸清理机大部分为间歇式。

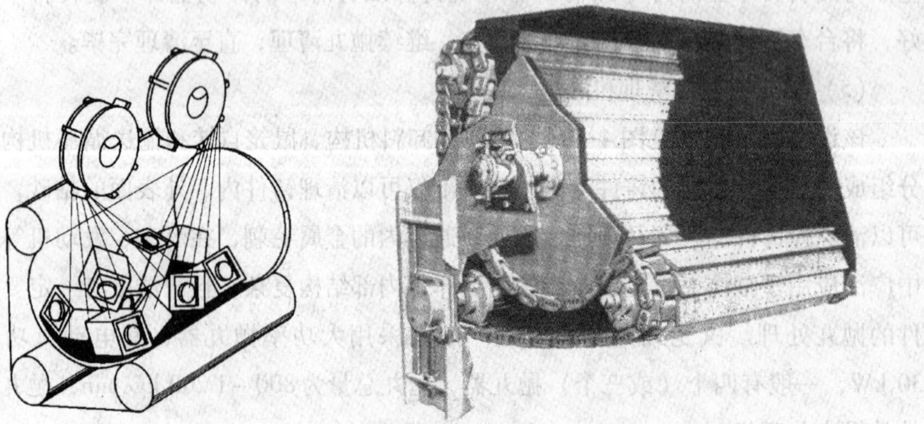

a)　　b)

图 4—7　履带式抛丸清理机

a）示意图　b）实物照片

（3）吊钩式抛丸清理室

吊钩式抛丸清理室根据吊钩的数量可分为单钩式和双钩式。

单钩式抛丸清理室是将铸件悬挂于吊钩上，在电动机的驱动下，沿着轨道进入抛丸清理室，关闭抛丸清理室大门，在吊钩自转的带动下铸件旋转，抛丸器启动，对铸件进行抛丸处理。抛丸清理结束，吊钩退出抛丸清理室，卸掉铸件进入下一个循环。

单钩式抛丸清理室为间歇式工作方式，适用于中小件。小件可用鱼刺型吊具，一钩可吊多个铸件，铸件应不超过单钩的载重。

双钩式抛丸清理室的不同之处是，当1号钩进入抛丸清理室进行工作时，2号钩在抛丸清理室外面卸掉清理好的铸件，再挂上待清理的铸件。当1号钩的铸件清理好后，退出抛丸清理室，2号钩进入抛丸清理室开始抛丸清理工作。

（4）转台式抛丸清理室

转台式抛丸清理室（见图4—8）适用于大型铸件的清理，铸件置于运转台车的旋转台上进出抛丸室。

在抛丸清理室外先将铸件放置在旋转台车上，然后将台车沿轨道开进抛丸清理室，关上清理室门并插好插销、锁好。启动除尘器、丸砂分离器、斗式提升机、螺旋输送器，这时可启动台车上的旋转台，铸件在旋转台上随之一起转动，启动抛丸器开始对铸件进行抛丸清理。清理完毕或需要翻转铸件继续清理时，应停止抛丸器，待抛丸器完全停止后，停止旋转台转动，打开清理室门，将台车开出抛丸清理室。将旋转台车上的铸件翻转180°，使铸件没有清理的面朝上并在旋转台车上摆好，将台车沿轨道再次开进抛丸清理室，继续抛丸清理，直至清理完毕。

（5）鼠笼式抛丸清理机

该设备由鼠笼（见图4—9）、装料和卸料机构、鼠笼自转和输送循环机构等部分组成一个连续运行的铸件运载装置。不仅可以清理铸件内、外表面的粘砂，而且可以清除掉铸件的飞翅乃至铸件凹处和通道内的金属毛刺，在汽车、发动机等行业中广泛应用于缸体、缸盖以及齿轮箱壳体等内部结构复杂，且清洁度有一定要求铸件的抛丸处理。鼠笼式抛丸清理机一般多采用大功率抛丸器，其电动机功率为30 kW，一般有四个（或三个）抛丸器，抛丸总量为800 ~ 1 200 kg/min，抛丸清理的效果十分理想。

全机可实现自动生产，抛丸角度随时可调整到最佳位置，使弹丸流相互间无干扰重叠现象，准确而充分地打在铸件上，铸件在鼠笼内前进时随鼠笼一起旋转，使铸件内的散砂和积存的弹丸倾倒出来，抛丸后铸件表面呈银白色金属光泽，显示出清理效果。

（6）吊钩（吊链）转盘式抛丸清理机（见图4—10）

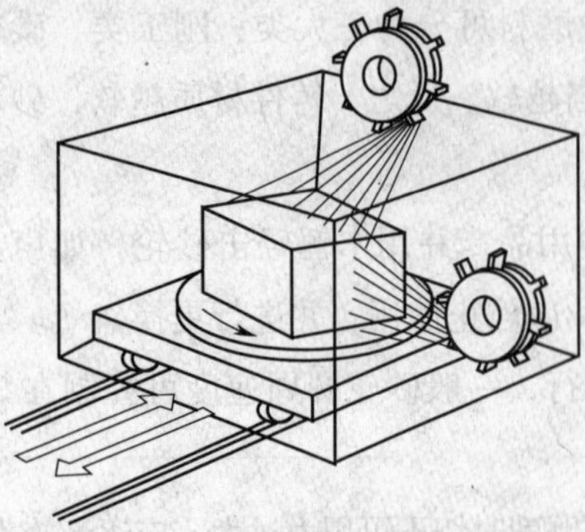

图4—8 转台式抛丸清理室示意图

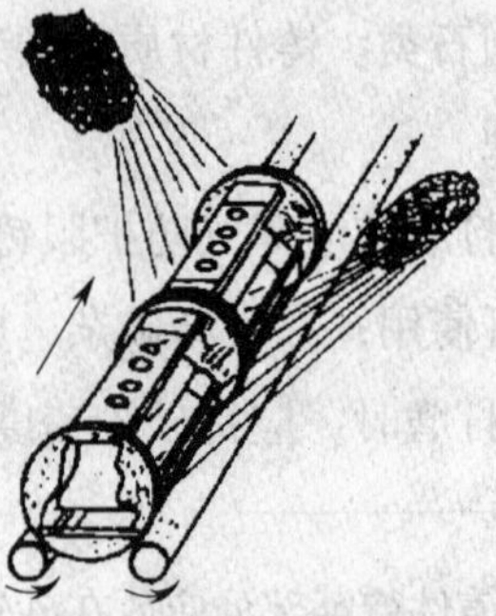

图4—9 鼠笼式抛丸清理机工作原理

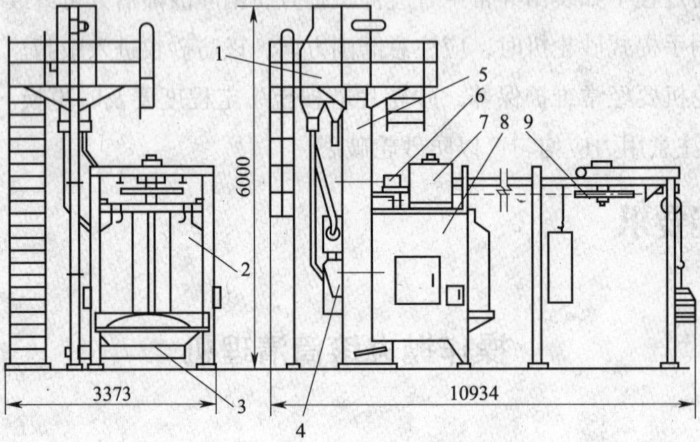

图4—10 吊链转盘式抛丸清理机构简图

1—分离器 2—转盘 3—螺旋输送机 4—抛丸器 5—斗式提升机
6—吊钩自转机构 7—转盘主轴及转动机构 8—清理室 9—吊链

该机是以多个吊钩（吊链）和转盘组成的吊挂机构为铸件的运载工具。吊钩（吊链）转盘式抛丸清理机可以实现连续作业。清理时，铸件挂在吊钩上，吊钩在自转机构的带动下自转，从而实现吊钩带动铸件一起旋转，以达到最佳清理效果。

该机适用于小件连续生产作业方式。利用鱼刺型吊具，可实现一钩吊多件，以提高工作效率。

六、砂轮机表面清理

铸件表面的飞翅、毛刺、多肉、浇冒口残根等缺陷的去除，目前还是以手工砂轮机表面清理的方法为主。

砂轮机有固定式、悬挂式和手提式三种。固定式砂轮机适应于小件，悬挂式和手提式砂轮机适应于中大件。

1. 砂轮材料可根据铸件材质选定。砂轮磨料可分为三大类：刚玉类、碳化物类、金刚石类。铸件材质越硬，砂轮材料应当越软。反之，铸件材质越软，砂轮材料应越硬。

2. 打磨前应戴好防护眼镜、口罩等防护用品，并用木锤轻击砂轮，如声音清脆，便可使用；如声音破杂，则砂轮有裂纹，应停止使用，并进行更换。

3. 打磨时，应待砂轮速度稳定时才能进行，一般砂轮圆周速度可控制在25～30 m/s。

4. 铸件待磨部分应放在砂轮外圆的中间，磨削时切不可用力过大，应逐渐施力。

5. 打磨过程中如发出异常声音应停机检查，消除故障后方可继续使用。

6. 使用手提式砂轮机时，应注意磨削方向，以防砂粒进入眼睛。

7. 砂轮机要经常维护保养。砂轮片磨损至一定程度要及时更换。更换时，要拧紧螺母并注意用力应均匀，以防砂轮破裂。

技能要求

操作抛丸滚筒清理机

一、工作准备

1. 在开机前，应根据机器装丸量的要求，在加丸口往机内加入或补充弹丸（钢丸、钢丝切丸、铁丸）。弹丸的选择和粒度的确定应依据铸件的材料和大小，一般为1.0～1.5 mm。弹丸在工作过程中会因磨损、碎裂、粉化而逐渐消耗，应经常检查机内弹丸量是否足够，并及时补充。

2. 随时去除分离器盖和下部筛网上的杂物，以免堵塞筛网，影响分离效率。

3. 集尘箱内的粉尘高度不得超过集尘箱内腔高度的三分之二，应定时定期清除，同时集尘箱的出灰门应关好关严，以免漏风影响集尘效果。

二、工作程序

1. 打开抛丸滚筒清理机机盖，装入铸件。铸件的尺寸、壁厚和质量应尽量一致，铸件的长度、单件质量和总装载量不得超过机器允许的指标，装载高度不得高于抛丸器底面。

2. 铸件装入后，闭紧机盖。根据铸件复杂程度及装入量确定抛丸清理时间。

3. 依次启动集尘器、抛丸器和滚筒，开始抛丸清理。

4. 清理结束，机器自动关闭抛丸器和滚筒或手动关闭抛丸器和滚筒。

5. 待抛丸器完全停止后，打开滚筒机盖，将铸件取出进行下一步清理。

6. 抛丸滚筒清理机进入下一个清理循环。

7. 当一班工作完全结束时，可手动关闭集尘器。如需完全手动停机，停机顺序应为抛丸器、滚筒、集尘器。

三、注意事项

1. 严格按安全操作规程操作。

2. 抛丸清理时间到（抛丸清理完毕），切忌抛丸器未完全停止就打开抛丸滚筒清理机机盖，以免弹丸飞出伤人。

第 2 节　铸件热处理

学习目标

➢了解铸件热处理的基本知识

➢掌握铸件装炉操作要点

知识要求

铸件在交付客户前，一般都需要消除内应力。有些铸件的力学性能要求较高，无法在铸造过程中实现，需要通过热处理的方法实现。这里所说的铸件热处理，主要以消除内应力的退火处理为主。

一、铸件热处理的基本知识

1. 消除内应力

铸件在凝固冷却过程中，由于铸件壁厚不均匀，使铸件各部分（厚处与薄处）收缩受到相互牵制产生应力，同时各部位冷却速度不同，以及组织转变引起体积变化等原因，不可避免地会在铸件内产生内应力，在机械加工过程中又产生切削应力。这些应力残留在铸件中随时间发生松弛和再分布，往往会使铸件发生变形，破

坏铸件的尺寸精度。特别是形状复杂、壁厚不均匀和需要经过机械加工的大型铸件（没有预先热处理的铸件经机械加工后则引起扭曲），内应力的存在更为严重。因此，对于不需要进行特殊热处理的铸件，特别是机床铸件和精密仪器零件都要进行低温退火以降低残余应力，从而保持零件的尺寸精度。这种热处理又称为热时效。

2. 细化组织

对于铸钢件的热处理，不单纯是为了消除铸件的内应力，还要消除粗大枝晶及组织偏析问题。铸钢件的铸态组织取决于化学成分和凝固结晶过程，一般存在较严重的枝晶偏析、组织极不均匀以及晶粒粗大和魏氏（或网状）组织等问题，需要通过热处理消除或减轻其有害影响，改善铸钢件的力学性能。此外，由于铸钢件结构和壁厚的差异，同一铸件的各部位具有不同的组织状态，并产生相当大的残余内应力。因此，铸钢件（尤其是合金钢铸件）的热处理尤为重要，一般都以热处理后状态供货。

二、铸件消除内应力的热处理

铸件消除内应力的热处理，一般以消除内应力、改善组织粗大枝晶及偏析为目的。常用的热处理工艺分类如下：

1. 铸铁件内应力的消除

（1）灰铸铁件时效处理

时效处理分为自然时效和人工时效两种。

1）自然时效是将铸件露天放置几个月或一年以上，让铸件在大自然的冷热变化环境中，缓慢地发生变形，逐渐地自行消除铸件的残余应力。自然时效周期长，消除内应力不彻底，例如放置6个月仅能消除残余内应力的30%。目前生产中较少采用。

2）人工时效是将铸件加热到合金塑性状态的温度范围，保温一段时间消除应力，然后冷却到弹性变形的温度范围，最后出炉冷却。人工时效通常在零件粗加工后进行，在消除铸件原有残余应力的同时又消除了粗加工过程中产生的残余应力。也有一些精度要求较高的铸件，在粗加工前进行一次人工时效，在粗加工后进行二次人工时效。

（2）球墨铸铁消除内应力的低温退火

球墨铸铁与灰铸铁相比，容易产生较高的内应力，一般高1～2倍，与白口铸铁的内应力相差不多。这是由于球墨铸铁具有较高的弹性模数（球墨铸铁的弹性模数为13 000～18 600 kg/mm^2，而灰铸铁的弹性模数为7 500～11 000 kg/mm^2）

和对于冷却速度较敏感。因此，用球墨铸铁制造的零件，特别是形状复杂、壁厚悬殊较大的零件，如果不需要进行其他热处理，都应当进行消除内应力的低温退火。

一般球墨铸铁消除内应力的低温退火工艺为：加热速度控制在 60～120℃/h 的范围；加热温度一般控制在 550～650℃。对于珠光体基体的球墨铸铁，考虑到加热温度超过 600℃之后，可能会发生共析渗碳体的石墨化和粒化过程，所以加热温度应以 550～620℃为宜，保温时间一般为 2～8 h，具体根据铸件大小和复杂程度而定；然后随炉缓慢冷却（冷却速度为 30～60℃/h）至 200～250℃出炉空冷。采用这种工艺退火，可消除铸件中 90%～95%的残余应力。

球墨铸铁根据对零件的组织和性能的要求，一般都要经过其他较复杂的热处理，故不一定要求单独进行消除内应力的低温退火。

2. 铸钢件的退火处理

铸钢件退火处理的作用，不只是为了消除内应力，而且可细化晶粒，改善组织，提高力学性能。

铸钢件的退火处理是将铸钢件加热到 Ac_3 以上 20～30℃，保温一定时间，使钢奥氏体化，然后缓慢冷却的热处理工艺。退火的目的是消除铸造组织中的柱状晶、粗等轴晶、魏氏组织和树枝状偏析，细化晶粒并消除内应力，以改善铸钢件的力学性能。碳钢退火后的组织为：亚共析铸钢为铁素体和珠光体，共析铸钢为珠光体，过共析铸钢为珠光体和碳化物。退火处理适用于所有牌号的铸钢件。

3. 非铁合金铸件的热处理

非铁合金铸件热处理的目的为消除内应力；稳定铸件的尺寸，消除偏析和针状组织；保证一定的塑性，提高合金的抗拉强度和硬度，改善切削加工性能。

非铁合金铸件热处理的种类和方法很多，常用的有人工时效、退火、淬火、淬火和人工时效、淬火和回火、冷热循环处理等。

技能要求

热处理炉装炉

一、工作准备

1. 垫铁准备。
2. 热处理箱（栏）准备。

（1）小件应装入热处理箱（栏），避免挤压变形。

（2）小件装箱（栏）不应装得太满，应留有1/3左右热交换空间。

3. 热处理架准备。为防止板类铸件热处理时变形，应准备专用的热处理架，使铸件在热处理时侧立着放在热处理架上。

二、工作程序

1. 首先将热处理台车拉出来。

2. 将铸件码放在热处理台车上，并用垫铁将铸件垫好、垫平，防止铸件变形。铸件与热处理台车台面的间距保证在15 mm以上，铸件间保持一定距离，以保证热对流。

3. 若铸件是小件，将装好小件的热处理箱（栏）码放在热处理台车上，并垫好、垫平，以防台车在行走时振动倒塌。

4. 若铸件是板类件，应将铸件侧立着放在热处理架上，并将热处理架放在热处理台车上，垫好、垫平，以防止自重、挤压的原因使铸件在热处理过程中产生弯曲和变形。

5. 将码放好铸件的热处理台车拉进热处理炉内，关好炉门，做好密封。完成热处理前的装炉工作。

三、注意事项

1. 码放铸件时，注意铸件不能超出热处理台车的长、宽、高，以保证台车进入热处理炉内的安全。

2. 注意总质量不得超过热处理台车的负荷。

3. 遵守热处理炉的安全操作规程。